從實驗室到生產線

近代中國農業化學事業中的國家權力

（1900-1950）

From Laboratory to Factory

Agricultural Chemistry Industry and State Power in Modern China
1900-1950

侯嘉星 著

民國論叢｜總序

呂芳上

民國歷史文化學社社長

    1902 年，梁啟超「新史學」的提出，揭開了中國現代史學發展的序幕。

    以近現代史研究而言，迄今百多年來學界關注幾個問題：首先，近代史能否列入史學主流研究的範疇？後朝人修前朝史固無疑義，但當代人修當代史，便成爭議。不過，近半世紀以來，「近代史」已被學界公認是史學研究的一個分支，民國史研究自然包含其中。與此相關的是官修史學的適當性，排除意識形態之爭，《清史稿》出版爭議、「新清史工程」的進行，不免引發諸多討論，但無論官修、私修均有助於歷史的呈現，只要不偏不倚。史家陳寅恪在《金明館叢書二編》的〈順宗實錄與續玄怪錄〉中說，私家撰者易誣妄，官修之書多諱飾，「考史事之本末者，苟能於官書及私著等量齊觀，詳辨而慎取之，則庶幾得其真相，而無誣諱之失矣」。可見官、私修史均有互稽作用。

其次，西方史學理論的引入，大大影響近代歷史的書寫與詮釋。德國蘭克史學較早影響中國學者，後來政治學、社會學、經濟學等社會科學應用於歷史學，於1950年後，海峽兩岸尤為顯著。臺灣受美國影響，現代化理論大行其道；中國大陸則奉馬列主義唯物史觀為圭臬。直到1980年代意識形態退燒之後，接著而來的西方思潮——新文化史、全球史研究，風靡兩岸，近代史也不能例外。這些流行研究當然有助於新議題的開發，如何以中國或以臺灣為主體的近代史研究，則成為學者當今苦心思考的議題。

1912年，民國建立之後，走過1920年代中西、新舊、革命與反革命之爭，1930年代經濟大蕭條、1940年代戰爭歲月，1950年代大變局之後冷戰，繼之以白色恐怖、黨國體制、爭民權運動諸歷程，到了1980年代之後，走到物資豐饒、科技進步而心靈空虛的時代。百多年來的民國歷史發展，實接續十九世紀末葉以來求變、求新、挫折、突破與創新的過程，涉及傳統與現代、境內與域外方方面面的交涉、混融，有斷裂、有移植，也有更多的延續，在「變局」中，你中有我，我中有你，為史家提供極多可資商榷的議題。1949年，獲得諾貝爾文學獎美國作家福克納（William Faulkner）說：「過去並未死亡，甚至沒有過去。」（The past is never dead. It's not even past.）更具體的說，今天海峽兩岸的現況、流行文化，甚至政治核心議題，仍有諸多「民國元素」，歷史學家對民國歷史的回眸、凝視、觀察、細究、具機鋒的看法，均會增加人們對現狀的理

解、認識和判斷力。這正是民國史家重大任務、大有可
為之處。

　　民國史與我們最是親近，有人仍生活在民國中，也
有人追逐著「民國熱」。無庸諱言，民國歷史有資料閎
富、角度多元、思潮新穎之利，但也有官方資料不願公
開、人物忌諱多、品評史事不易之弊。但，訓練有素
的史家，一定懂得歷史的詮釋、剪裁與呈現，要力求公
允；一定知道歷史的傳承有如父母子女，父母給子女生
命，子女要回饋的是生命的意義。

　　1950 年代後帶著法統來到臺灣的民國，的確有過
一段受戰爭威脅、政治「失去左眼的歲月」，也有一段
絕地求生、奮力圖強，使經濟成為亞洲四小龍之一的醒
目時日。如今雙目俱全、體質還算健康、前行道路不無
崎嶇的環境下，史學界對超越地域、黨派成見又客觀的
民國史研究，實寄予樂觀和厚望。

　　基於此，「民國歷史文化學社」將積極支持、鼓勵
民國史有創意的研究和論作。對於研究成果，我們開闢
論著系列叢書，我們秉持這樣的出版原則：對民國史不
是多餘的書、不是可有可無的書，而是擲地有聲的新
書、好書。

推薦序

陳慈玉
中央研究院近代史研究所兼任研究員

在西力東漸的早期，西班牙、葡萄牙和荷蘭等商船，曾利用亞洲固有的以中國為中心的貿易網，來從事其亞洲貿易，但並未對當時亞洲各國的產業結構發生巨大的影響。19世紀中葉以後，以英國為首的西方資本主義國家則多少改變了印度、日本和中國的產業結構。此時期是中國對外「門戶開放」的開始，也是日本被迫「開港」的時期，直至第一次世界大戰前，亞洲被迅速編入以西歐為中心的世界經濟體系。在政治上，幾乎大部分的國家成為歐美列強的殖民地，或陷於殖民地化的危機之中；在經濟上，大部分的國家都經由「不平等條約」（對中國等亞洲國家而言）的簽訂而被強制與歐美諸國交易。於是在全球化的進程中，國際貿易日漸活絡，亞洲並導入歐美先進國家的資本、技術與知識，在沿海地區和部分內陸地區開展經濟現代化的腳步。

知識的引進與轉譯是近代中國經濟之所以發展的重要因素，農業部門亦然。中國自古以來即以農立國，直到1930年代，將近百分之八十的就業人口依然集中於農業部門。王業鍵院士認為明清之際到抗戰前夕，增加農業增產的方式包括：增加耕地面積、水利設施改善、

品種改良以及引進新作物等，至於農業機械化和化學肥料的大量使用等方式，則根本還沒有開始。

但是隨著時間的推移，新資料漸漸出現與被整理，根據它們所寫成的著作也呈現出不同的說法。例如侯嘉星的《機器業與江南農村：近代中國的農工業轉換（1920-1950）》（2019），指出在戰前江南地區已經開展利用農業機器的風氣，他藉由 GIS（地理資訊系統）對該產業分布的研究也發現，經濟發達地區更容易出現農業機器的利用，而江南之上海、無錫及常州等地密集普遍的機器工廠，能提供農業機器維修保固，因此可以看出農業機器產業是農業機械化的基礎，二者互為因果。

嘉星君執著於 20 世紀前半中國農業轉型的研究，所以他在繁忙的教學工作之餘，大量利用中央研究院近代史研究所的《農林部檔案》以及上海市檔案館的相關檔案，寫成此新書。他從中外知識之交融和轉型為出發點，說明中華民國與中華人民共和國的兩個國家權力如何實驗與運用此種知識，以試圖解明其治理之差異性。更有趣的是他分析了當被引進的農業化學知識經過實驗室成功地製造出成品後，如何大量生產，乃至如何透過政府建構的管道宣傳給民間。換言之，誠如書名所標示的，嘉星君經由綿密的驗證，成功地解析農化產品從實驗、生產到運用的一貫過程中國家權力的運作與影響。

問題的重要性並不止於此，引進的西歐近代產業知識技術，能否在中國生根乃至蛻變為新知識技術，一直是大家所關切的。使外來知識技術在本土茁大的方式之

一是教育，亦即培養本土技術人才，才有能力接受新知識，將之適用於傳統技術而革新之，或使新移入的產業能持續下去，而這應該也是國家權力的課題。

　　此書最大的特色就是利用豐富的各類政府檔案為基礎來論述，所以格外注重政府的功能。近年來日本學者內山雅生、弁納才一等教授承續著日本史學界注重田野調查的傳統，陸續出版多年來在中國農村所從事的調查報告，直接面對着農村的變貌與農民的感受，閱讀之餘，能體會出與案牘研究成果所呈現出的不同的風貌。

　　在工業化的進程中，工業原料由農業所提供，其產品則經由商人被運銷到國內各地乃至世界市場，此農、工、商業環環相扣，形成一國民經濟體系。現今由於人為的地緣政治之不穩定與自然的氣候變遷之頻繁，臺灣農業正面臨著種種困境，此情況應是經年累月所造成的，農工業乃至服務業部門如何重新媒合？或許是臺灣經濟史研究者所必須思考的課題。大陸農村也一直處於同樣的窘境中，嘉星君的新書強調 20 世紀前半葉國家角色的多元化，在各類環境衝擊愈趨全球化狀況中，格外值得借鏡與重視。

陳慈玉

2023 年 6 月 10 日

中央研究院近代史研究所

目錄

緒論

化學改變生產環境的時代

　　19 世紀隨著化學知識突飛猛進，德國、美國先後將化學應用到農業生產中，此後化肥、農藥、科學分析等成為世界現代農業的基礎，可說是人類改變經濟生產與環境利用方式之典範，甚至有「第一次綠色革命」之謂。[1] 農業化學的相關知識約自 19 世紀末傳入中國，但到 20 世紀初才因為肥料與農藥之利用，擴大其影響範圍，深深改變中國農業的樣貌。農業活動是人們經營環境最重要的方式，環境利用與人們改造自然的能力提升密不可分，而促使這個能力得以加強之重要因素，便是化學工業的發展。百餘年前化學產業進入中國後，在都市生活中舉凡印刷、紡織、衛生、奢侈品、日用品、食品等都得力於化學的推展。然而，今日所熟知化學產品對於環境的大範圍影響，根源於化學製劑深入農、林、漁、牧等產業後，才逐漸演化為各種環境問題，19 世紀末至 20 世紀初的農業化學事業，正是改變環境的有力工具。

　　由此可知，農業化學的相關課題既廣泛又多元，大

1　J. L. van Zanden, "The First Green Revolution: The Growth of Production and Productivity in European Agriculture, 1870-1914," *The Economic History Review*, Vol. 44, No. 2 (May, 1991), pp. 215-239.

體可包括知識建構、生產事業、推廣組織以及田間實作等多個面向，對近代中國的農業、農村與農民之影響，其作用不容忽視。一方面，這是大學院校、工廠等現代部門，通過農業化學滲透進入農業及農村，從而完成後者的現代轉型；但另一方面，這更是農業及農村市場影響了這些現代部門的發展。以農業化學為線索，不僅可以發現在其農業轉型的意義，更能探究此過程中傳統部門與現代部門的互動，這是近代中國經濟發展的重要課題，也是東亞經濟不可忽視的一環。

　　現代農業科學的發展，無疑也是國家掌握地方的另一種途徑。19世紀歐洲向全世界進行科學調查，探索新物種、開發新資源，用以支持知識與經濟的發展，被學者稱為「知識帝國主義」。[2] 斯科特（James Scott）長期研究國家與地方社會的關係，並已闡明現代國家通過土地調查、產業革新與科學化，強化對地方掌握的能力。[3] 相對之下，在19世紀至20世紀的中國現代轉型中，除了知識、經濟的新舊交替外，國家與地方的關係，顯然也是這段時期歷史變革的關鍵。20世紀上半中國農業機器產業的發展過程，已令人注意到農業市場對整體機器產業至關重要，從江南地區的案例可知，由於農村市場的擴大，使工業化推展到鄉村地區，也改變

2　Fa-ti Fan, *British naturalists in Qing China: Science, Empire, and Cultural Encounter* (Cambridge, Mass.; London, England: Harvard University Press, 2004), pp. 89-90.

3　James C. Scott, *Seeing Like A State: How Certain Schemes to Improve the Human Condition Have Failed* (New Haven; London: Yale University Press, 1998), pp. 25-52.

農業生產型態；更因農業市場的獲利，改變這些機器工廠的經營型態。[4] 因此以機器業為個案，可以看到農工並進的發展經過，也能看到政府與農民在從傳統到現代的轉型中，求變圖存的努力。不僅如此，從戰後臺灣高山開發的經驗中，也讓研究者注意到充足的化學肥料與農藥，是支持戰後政府在「人定勝天」的精神下，設立高山農場發展溫帶蔬果業的重要條件，此即意味著人們對於經濟發展、環境利用的根本改變，對今日臺灣社會及生態環境影響至鉅。[5] 探討發端於 20 世紀初期的農業化學產業，不僅是對百餘年前經濟發展與生產變革的探索，更是瞭解今日生活樣貌的重要工作。

聚焦於現代性與經濟發展、國家角色的探索可以發現，近現代農業化學品之生產必須仰賴新式工廠，建立在現代工業基礎上，這些事業又往往有國家政策扶植的影響。所以從農工業結合的觀點來看，亦即來自農業市場的需求，如何支持生產農藥的新式化學工廠，也是饒富意義的課題。過去對於農業部門與工業部門相互支持，是近代許多東亞國家的經濟策略，舉凡日本、朝鮮及臺灣的經濟發展與農業現代化都採取此一策略。[6] 事

4 侯嘉星，《機器業與江南農村：近代中國的農工業轉換（1920-1950）》（臺北：政大出版社，2019）。

5 侯嘉星，〈國土開發與環境利用——以 1960 年代退輔會高山農場之設置經營為例〉，收入黃克武主編，《1960 年代的臺灣》（臺北：中正紀念堂管理處，2017），頁 211-272。

6 Soon-Won Park, *Colonial Industrialization and Labor in Korea: The Onoda Cement Factory* (Cambridge, Mass.: Harvard University Asia Center, 1999), pp. 51-63; 關要二，〈理想の朝鮮農村と農工併進問題〉，《朝鮮彙報》，1938 年 9 月號，頁 16-20；藤原辰史，《稻の大東亜共栄圏：帝国日本の〈緑の革命〉》（東京：吉川弘文館，

實上，農業化學利用對農業生產的影響，甚至大於機器利用之影響，故而對於化學工業與農業生產間的「農工並進」，有必要加以討論。1938 年時任經濟部長的翁文灝（1889-1971），發表戰時的經濟建設方針也標舉「工礦並舉，農工並重」的口號，強調四個工作目標：（一）建立國防基礎工業、礦、電，為普通工業立基礎；（二）農業改良，科學方法，增加生產，改善農民生計；（三）用本國原料改善農工生產技術，輕成本，廣銷場，並使糧食、燃料等必需品漸能自給；（四）健全農村經濟及工商同業團體之組織。[7] 揭示了農業化學事業在增產的作用，以及與工業結合的效益正是此時政策的核心。這樣的發展策略，同樣是當時東亞近代發展中「全球化」的課題之一，是型塑東亞現代農業生產的重要歷史經驗，格外值得研究者關注。

農工並進的目標，涵括了知識引進、教育體系、生產推銷等不同層面。自 19 世紀末近代中國接觸與引進農業化學知識後，北京大學、東南大學（中央大學）、中山大學、金陵大學等學校已陸續建立農業化學相關科系，亦有推廣部、實驗室及實驗農場等設置，這種經驗表現出高度的中日連結。[8] 此時市場中之相關產品，以肥料最為大宗，外商洋行在通商口岸大量販售，也普遍

2012），頁 78-88。

7   翁文灝著，李學通、劉萍、翁心鈞整理，《翁文灝日記》（北京：中華書局，2010），頁 207，1938 年 1 月 28 日。

8   侯嘉星，〈近代中國農業高等教育與農業化學知識的發展〉，收入劉維開主編，《1920 年代之中國》（臺北：國立政治大學歷史學系、政大出版社，2018），頁 235-256。

將通路延伸至沿海省份的農村地區，此一商機使得政府成立相關推廣機構、民間業者設廠投入生產化肥。至於農藥部分，初期係與環境用藥（如蚊香、滅鼠藥等）結合，都會市場接受度很高，也吸引不少資本家參與經營；1930年代中央農業實驗所已經開始小範圍推廣農藥，但皆仰賴進口。抗戰爆發後，日本又在東北與華北等地設立農藥工廠，大規模生產各種有機或無機化學藥劑，使得化學藥劑在農業和城市生活的使用，日益普遍。1943年國民政府在重慶成立農林部病蟲藥械製造實驗廠，也積極製造農藥，並於大後方推廣利用。這些機構戰後為國民政府接收，成為1950年代共和國成立後農化工業的基礎之一。由於各界多半已注意到農業化學的應用廣泛，可說與日常生活密不可分，所以經過20世紀初期農業化學事業之發展，市場逐漸重視相關產品，也使得政府與民間業者重視，陸續投資參與經營。

特別要指出的是，今日臺灣與大陸習稱的「農藥」（pesticide）一詞出現，在中文世界普遍使用大約要到1950年代以後，主要來自於受日本影響更深的臺灣及戰後接收的經驗。19世紀日本引進新式農業化學時，將用以防治病蟲害者稱為農用藥劑、農藝藥劑，部分時候則簡稱為農藥。但1890年代中國知識分子在翻譯此一概念時，將之稱為病蟲藥或殺蟲藥，因此20世紀上半中文資料中，均以此稱之。農藥名稱的變化，當然反映出知識的轉變，本書在行文中均以20世紀上半的病蟲藥劑為主。

　　農業化學產業成為觀察近代中國與東亞在進行農業現代化的指標，不僅能看到知識引介與轉化，更能看到國家策略、民間資本之間的競爭與合作關係。如前所述，農業化學產品，以化學肥料與病蟲害防治藥劑為主，相較於前者，病蟲害防治藥劑在研究、生產，以及施灑的社會組織上，有更為複雜的流程，當然也更能觀察到產業發展歷程中，國家因素發揮的作用。因此本書將聚焦於農業化學知識中，農業藥劑知識轉變、製造發展、商業化經營、產銷推廣等層面，探悉此一事業的種種複雜因素。具體來說，本書將探討三個主要方向：

（一）農業化學知識的建構，及其從傳統農業知識到近代新式農業知識之間的轉換，藉此來考察東亞地區接受與發展農業化學知識的過程，並探究彼此間之異同。

（二）進一步以農業化學產業中的病蟲藥劑生產製造做為具體個案，檢視農業化學知識的建立及產業運作的情形，包括生產、銷售等各個環節，以及農村市場對該產業的影響。尤其將視野延續至戰後經驗，藉此更深入比較不同階段農業化學之發展。

（三）國家如何借助現代農業科學來掌握農村？政府的農業現代化方針，特別是新式農業推廣機構發揮的作用，以及這些機構與農民實際生產的關係。

　　藉由上述課題的討論，一方面希望能擴大視野涵蓋東亞地區農業現代化轉型的經驗，將近代中國農業發展

放入全球史脈絡中思考。同時也希望能探討從傳統知識到新式農業科學、以及戰前至 1950 年代農業生產變革等多重意義的連續與斷裂課題。其中尤其以第三點的探討，最為筆者關心，希望藉由本書來檢視 20 世紀在現代化轉型中，國家制定的各種產業政策、教育研究投資，以及行政資源體系等，如何轉化為控制農村、農業以及農民的力量。

農工業轉換與農業現代化

傳統中國經濟活動中，農業一直占主導地位，因此 19 至 20 世紀之際的中國農業轉型，也是現代化不可或缺的課題，向來受到歷史學家的重視。過去學者分析中國近代農業發展，大抵有兩種取徑，分別是強調透過社會制度來調整的「分配論」觀點；以及重視新技術引進的「技術論」之主張。[9] 在技術論者的努力下，對於 20 世紀以來中國在農作改良、農藥與肥料之技術與工具革新、政策推廣及新式生產組織出現等各方面推展，都已有不少的研究成果。[10] 值得注意的是，技術革新又是現

9　「技術論」與「分配論」兩種對農業現代化的爭論，可見 Daniel Little, *Understanding Peasant China: Case Studies in the Philosophy of Social Science* (New Haven: Yale University Press, 1989), pp. 145-186.

10　如張玉法，〈二十世紀初期的中國農業改良（1901-1916）：沿海沿江十三個省區的比較研究〉，《史學評論》，期 1（1979 年 7 月），頁 119-159；王聿鈞，〈抗戰時期中農所的發展和貢獻〉，《近代中國農村經濟史論文集》（臺北：中央研究院近代史研究所，1989），頁 85-118；謝國興，〈一九四〇年代中國農政機構之專技人員〉，收錄於中央研究院近代史研究所編，《抗戰建國史研討會論文集（1937-1945）》（臺北：中央研究院近代史研

代化重要一環，意味現代部門對農業生產的參與不同以往，甚至能進一步延伸，從中發現農業市場對工業的促進作用。

　　進而言之，農業生產與現代部門之間的關係，也受到學者重視，特別是 1940 年代以後發展經濟學的興起，農業轉型與工業化，成為經濟學家探討經濟發展的熱門主題。發展經濟學者如舒爾茲（Theodore W. Schultz），強調農業轉型、農業投資的重要性，指出經濟發展與農業的關係；[11] 與此相同的，李登輝以臺灣為個案，也注意到工農間資本轉移，是臺灣經濟轉型的關鍵，發現農業在工業化過程中農業扮演了重要角色，[12] 從其觀點中能看到發展經濟學的影響。經濟史學家們對近代江南與華北農村副業的研究，也點明勞動力流通的發展途徑，透過農業生產的成長，促進農村勞動力轉向投入副業生產，從而支持了基礎輕工業。[13] 這些研究指出，農業與工業乃互為表裡、彼此影響的關係；相較之下，當前對近代中國化學工業的研究，多半聚焦於工業

究所，1985），頁 619-663；侯坤宏，〈「農技派」與戰前糧食生產〉，《中華民國史專題論文集第二屆討論會》（臺北：國史館，1993），頁 439-471；李力庸，〈走出實驗室——抗戰時期農產促進委員會的農業推廣事業（1938-1944）〉，《兩岸發展史研究》，期 6（2008 年 12 月），頁 25-70 等。

11 Theodore W. Schultz, *Transforming Traditional Agriculture* (New Haven: Yale University Press, 1964).

12 李登輝，《臺灣農工部門間之資本流通》（臺北：臺灣銀行，1972）。

13 馬俊亞，〈工業化與土布業：江蘇近代農家經濟結構的地區性轉型〉，《歷史研究》，2006 年 3 期（2006 年 6 月），頁 98-117；陳慈玉，〈1930 年代的中國農家副業——以江南蠶絲業和華北織布業為例〉，《近代中國農村經濟史論文集》，頁 577-604。

利用、工廠史、技術轉移研究等工業化的範疇內，[14] 尚
未論及化學或工業部門對農業生產的影響，以及農業對
化學工業發展之意義等課題，因此還有很大發展空間。

　　至於農業化學對社會、經濟及環境變遷之研究，
卡森（Rachel Carson）在《寂靜的春天》（*Silent Spring*）
開啟農業化學與環境變遷之間的討論，日益受到社會各
界重視，尤其是過去曾被認為是為農業及公共衛生事業
帶來重大突破的 DDT，更因此受到抨擊。[15] 農業化學
及農藥利用都發生於 20 世紀早期，但在後續發展中其
與工業、科學結合而扮演之角色，更在環境變遷的論述
中舉足輕重。西方學界的農業化學產業研究已有相當規
模，霍頓（James C. Whorton）受到卡森的啟發，研究
了 DDT 利用以前的西方農藥史，指出這些經驗與現代
社會公共衛生的關係；[16] 金卡拉（David Kinkela）則討
論了二戰前後 DDT 在國際間利用的影響與美國角色，
將農藥利用放在全球史的觀點下討論。[17]

　　從這些研究可以發現，農業化學產業廣泛參與現
代化進程。然而如卡森所言，DDT 為首的農藥化學利
用，被認為是破壞環境生態的凶手；與此相同的，1930

14　田島俊雄，《20 世紀の中国化学工業：永利化学・天原電化とその
　　時代》（東京：東京大学社会科学研究所，2005）；陳慈玉，〈近
　　代台湾の塩業とソーダ業——技術革新と産業転換の一例として〉，
　　《社会システム研究》，号 12（2006 年 3 月），頁 139-172。

15　Rachel Carson, *Silent Spring* (Boston: Houghton Mifflin, 1962).

16　James C. Whorton, *Before Silent Spring: Pesticides and Public Health in Pre-
　　DDT America* (Princeton: Princeton University Press, 1975).

17　David Kinkela, *DDT and the American Century: Global Health, Environmental
　　Politics, and the Pesticide That Changed the World* (Chapel Hill: The
　　University of North Carolina Press, 2011).

年代已快速發展的化學肥料，至四十餘年之後，也被認為造成環境汙染，二者均面臨時代變遷的挑戰。這種因科技進步導致風險增加，構成現代社會心理之一環，即社會學家所討論的「第二現代」觀點，[18] 無疑地也與農業化學有千絲萬縷的關係。經濟與環境的交互影響，更是當代環境史研究極為重視的課題。這些研究都表明農業化學的影響，並非僅侷限於農業生產而已，實際上廣泛地影響整體經濟與社會變遷。

不過目前中文學界，有關近代中國農業化學利用的研究並不多見。在農藥部分的討論，農業學者主要聚焦於大學教育、政府機構等層面，且強調 1950 年代以後的發展，或是關注戰前昆蟲學與蟲害防治的措施，甚少從社會、經濟等角度探討農藥利用的意義。[19] 近年來歷史學界逐漸注意到農業化學的作用，呂紹理的〈從螟蛉到螟害——近代臺灣的農業蟲害及其防治〉一文，從日本近代化學工業的進展、在臺灣進行調查及建立農用藥劑知識體系的考察，認為臺灣農藥利用展現相當程度的殖民地特性，主要為了出口日本的農產品而產生。[20] 從

18　Charles Perrow, *Normal Accidents: Living with High Risk Technologies* (New York: Basic Books, 1984).

19　如 Pan Chengxiang, "The Development of Integrated Pest Control in China," *Agricultural History*, Vol. 62, No. 1 (Winter, 1988), pp. 1-12; 趙艷萍，《民國時期蝗災與社會應對——以 1928-1937 年南京國民政府轄區為中心考察》（廣州：世界圖書出版公司，2010），頁 66-85；石元春主編，《20 世紀中國學術大典：農業科學》（福州：福建教育出版社，2001），「植物保護學」、「農業昆蟲學」，頁 237-246、281-283。

20　呂紹理，〈從螟蛉到螟害——近代臺灣的農業蟲害及其防治〉，《臺大歷史學報》，期 56（2015 年 12 月），頁 133-188。

該研究中能注意到，農藥產品及其背後所代表的知識建構、生產體系、利用推廣等，構成農業現代化的重要環節，此一取徑也十分值得借鑑。在肥料利用的部分，王建革在環境變遷的視角下強調生態環境變化，導致三料（肥料、飼料、燃料）缺乏，是 20 世紀華北農業經濟困局的基本因素。[21] 但解決肥料問題的方法之一，是提倡化學肥料，最早由農業史學者曹隆功注意到民國以來的化肥引進與技術變化，晚近過慈明、富惠平等人也陸續注意到化肥的意義，相繼對江南地區化肥利用歷史加以考察。[22] 然而這些研究多半著重於農業生產技術的討論，所掌握的材料也較少利用政府、學校等機構之檔案，因此未能更深入地討論社會經濟背景，如工廠經營、商業網絡、政府角色等層面的變革。

　　檢視相關的研究成果，可以發現做為現代部門之一的化學產業，對近代中國的農業轉型有重要影響，乃至型塑今日社會、環境等種種樣貌。因此在 20 世紀農業化學引進之際，建立知識與生產機構，納入新式商業網絡，和政府當局的推廣等各類經驗。現存檔案史料中，中央研究院近代史研究所檔案館庋藏的《農林部檔案》，可說是探討國家政策、農業現代化，以及技術與商業結合等議題，極為適合的資料。

21　王建革，《傳統社會末期華北的生態與社會》（北京：三聯書店，2009），頁 238-258。

22　曹隆功，〈我國化肥施用與研究簡史〉，《中國農史》，1989 年第 4 期，頁 54-58；過慈明，〈近代江南地區肥料史研究〉（南京：南京農業大學博士論文，2013）；過慈明、富惠平，〈20 世紀前中期江南地區化肥使用狀況之考察〉，《安徽史學》，2014 年第 1 期，頁 47-53。

《農林部檔案》的研究價值

　　近代中國經濟事務主管部會的沿革中，由於業務性質的緣故，大抵可以分成工商與農林兩條軌跡。北洋政府時期曾先後成立農林部、工商部、農商部等機構，1928 年國民政府在南京成立後，也短暫設置農礦部、工商部，很快在 1930 年底統合工商與農林兩大業務合併為實業部，主管全國經濟建設工作。中日戰爭爆發後，1938 年初政府將實業部改制為經濟部，同樣主管工商業、農林漁牧及水利建設。有感於經濟部業務內容包山包海、組織過於龐大，1940 年 7 月農林司被獨立擴編為農林部；原經濟部維持工商建設的職責，至 1947 年又將兩部的水利工作獨立出來成立水利部。直到 1949 年時，才將農林部、水利部併歸經濟部，嗣後隨政府在臺恢復辦公。成立於戰時的農林部，正好分為重慶與南京兩個階段，分別代表戰時及戰後兩大截然不同的業務內容。重慶時期業務側重糧食增產、物資動員等任務；南京時期則涉及戰後接收、全國範圍的事業管理，以及國際合作等各項工作。重慶與南京時期的組織、業務等各方面差異，恰好反映政府面臨戰時動員，以及戰後重建挑戰的種種政策與做為，深具研究價值。不過《農林部檔案》最有價值的地方，是其檔案結構並未遭到嚴重的拆分破壞，高度集中於近史所檔案館。相較於國民政府其他部會檔案可能散佚，或零星分割在兩岸檔案機構的情況，《農林部檔案》的保存可說對學者

研究戰時及戰後初期相關議題帶來極大便利。[23]

　　本書主要利用檔案為《農林部檔案》，包含部本部的農事司、農業推廣委員會、農業復員委員會的資料，以及獨立機構中央農業實驗所、農林部病蟲藥械製造實驗廠等資料。戰時農林部的業務內容，係以戰爭動員及產業建設為主，特別是戰爭動員的業務，表現在農業增產、推廣事業等，具體的產業建設方針及其成效，則可從每年工作計畫、工作月報，以及年底的工作考成報告相互參照中發現端倪。戰時動員與產業建設的課題其意義在於，不僅是了解中國在大後方維持軍隊及政府運作的經濟基礎，更是分析戰時行政體制如何運轉及深入基層的關鍵，這些課題能充分探討戰時經濟體制及國家建設、社會運作等廣受矚目的重大課題，協助研究者對於中國經歷戰爭動員最終轉型為現代國家的過程，能有更加深入的省思。

　　目前所能找的相關檔案中，本書研究的農業化學品——農藥及肥料——使用，大約 1920 年代末期已出現。然而 1930 年代政府當局面對糧食增產、病蟲害防治的對應方針中，以較為完整的《實業部檔案》來觀察，大規模施用化學品的主張並不常見，這一方面固然是當時此類產品使用仍局限於部分地區有關，但另方面也不能忽視此時的技術官僚，可能也對這些化學品「威能」還沒有深刻認識的緣故。但是到了 1940 年代的

23　侯嘉星，〈中研院近史所《農林部檔案》介紹及其相關議題討論〉，《檔案半年刊》，卷 18 期 2（2019 年 12 月），頁 44-53。

《農林部檔案》中，政府部門對農林漁牧各方面的化學品利用主張已頗為普遍，經常可見鼓勵大規模利用，面對增產、除害的對策，也多半採用施藥、施肥等手段，換言之，化學產品至少到戰時及戰後政府治理方針中，已成為農林漁牧活動密不可分的一環。農林部做為農林建設事務主管單位，保有大量技術人員的履歷資料，多次全面性地調查統計全國的農林技術人員，不僅在重慶時期進行，更延續至戰後南京時期甚至共和國建國初期，因此在不同時間、不同空間中都留下可觀的技術官僚研究素材。這些農林技術人員資料有基層的技工、亦有高階的技師，甚至有不少成為後來部會機構中的重要管理層。通過這些層次豐富、內容多樣的資料，或許可以掌握農林部技術人才的概況。農林部留存的檔案也不是單純的人才調查而已，同樣有極為可觀的研習班、培訓課程，與大專院校的合作等資料，反映當時的技術人員養成方式。

除了《農林部檔案》檔案，本書也大量使用上海市檔案館藏的相關檔案，以創立於戰時的農林部病蟲藥械製造實驗廠為線索，串聯 1949 年前後的變化，更能顯示農業化學事業發展的連續與斷裂。在這些檔案資料外，19 世紀末至 20 世紀初的各種雜誌，是探討新知識傳播不可或缺的史料，做為近代知識傳播的新形態，此時期的雜誌具備出版快速、影響廣泛及議題集中等特點。[24] 19 世紀末出版的《農學報》、20 世紀初出版的

---

24 李仁淵，〈思想轉型時期的傳播媒介：清末民初的報刊與新式出版

《中華農學會報》，是其中兩個最重要的學術團體之機關報，其中包含大量農業知識，可供研究者探討知識引介的過程。此外，各地的學術團體、政府的病蟲害防治機構，也出版多樣的專業期刊，介紹各種農業化學技術。農業化學產品的應用推廣，並非僅止於學術團體，還要面對農民及社會大眾，在普及的目標下報紙宣傳與各種廣告，更透露豐富的細節值得探索。

從實驗室走上生產線的農業化學事業

在上述史料的支持下，本書分為四個部分，探討近代中國農業化學產業從實驗室走上生產線的過程，從中窺見國家的產業政策得失。首先是知識體系的建立，主要探討農業化學知識體系的建立及其在近代中國之傳播，從中國傳統農學，與西學經驗兩個角度加以探討。傳統農學的分析，將利用《農書》、《補農書》等農學書籍中的農業化學經驗，對比民國時期的農業技術，分析其中相互繼承的關係。農業化學雖為過去傳統農法中所未曾涉及的新領域，但傳統農業生產中如何防制蟲害、增進肥力的知識，卻與民國時期有相承繼之處，因此探討在 20 世紀農業現代化中，新知識如何推廣並改變農民使用習慣將是重要工作。此外，為了更進一步探討此課題，日本農業化學發展經驗也很值得注意，在西

業〉，收入王汎森編，《中國近代思想史的轉型時代——張灝院士七秩祝壽論文集》（臺北：聯經出版事業公司，2007），頁 3-49。

學經驗與新式農業知識引進的過程中，如清末由農學會
等機構自日文翻譯的《戎氏農業化學》等資料，均為探
索近代中國接受農業化學知識的寶貴資料。在這些基礎
上，第一章將探討民國時期大專院校農業化學教育的內
涵，除了運用中央大學、金陵大學等校的檔案及刊物資
料，也藉由這些留學歐美的農業化學教授的人際網絡、
知識譜系，以及畢業生群體等關係，從中了解大專院
校中，關於農業化學知識之建構、教學、推廣與實踐的
過程。

　　其次，第二章進一步分析農業化學生產與銷售的機
構。由於農業化學產品，分為有機化學製品與無機化學
製品兩大類，無機化學製品係指礦物加工、有機化學製
品則主要來自於動植物萃取加工。近代東亞最重要的有
機化學製劑原料，是除蟲菊與魚藤，這兩種藥用作物恰
好反映產業體系從科學研究、品種調查、商業化競爭以
及國家政策提倡等各層面。此一產業體系，又以日本最
為成功，並向外擴及到中國及臺灣。故分析日本在除蟲
菊及魚藤的產業經驗，有助於理解整體農業藥劑事業發
展，如何受到國家力量的引導。

　　第三章開始將聚焦於國家角色的作用。首先討論各
地農業推廣機構，例如江蘇、浙江等省與大專院合作進
行農業化學製品的試驗與推廣，試圖達到改良農業的目
的。另外，1931 年中央農業實驗所成立，更是南京政
府最重要的農業化學研究中心，也建立了簡單的生產工
廠與推廣體系。中日戰爭爆發後，中農所的病蟲藥劑製
造工廠在四川的農林部、糧食部及農產促進會等機構合

作，也曾大力進行農藥與肥料推廣，且留下可觀紀錄，
藉此可了解這些新式化學產品被消費者的接受過程、利
用之範圍和使用的評價。換言之，推廣組織的工作係由
政府推動及支持，對近代產業發展而言，國家力量極為
關鍵，也深具討論價值，近代中國農業化學事業的發
展，也呈現相同的特徵。

　　第四章同樣探討國家政策如何影響產業發展，特
別是利用第三章的農林部病蟲藥械廠個案，分析跨越
1945 年及 1949 年兩個關鍵年代、兩次接收與重建的連
續與斷裂經驗。從相關檔案中可見，戰後的接收工作
中，農林部組織了東北區、華北區、京滬區及臺灣區等
特派員辦公室分區接收，由該部參事出任特派員，這些
接收資料可以反映戰爭結束之際，汪政府、滿州國等淪
陷區及殖民地臺灣的經濟建設。由於淪陷區產業的接收
與復工，不僅涉及各部會利益分配、戰時及戰後產權、
技術人員連續與斷裂的問題，更是生產技術和設備革新
的機會；然而同樣地也面臨政府接收人力不足、國際援
助物資進入、內戰爆發和通貨膨漲的挑戰，可以說頗為
複雜。到了 1950 年代中共建政，採行了與國民黨暨連
續又斷裂的農業化學事業方針，藉由個案的分析，可以
發現在生產技術上有高度連續性，但在產銷分配上卻有
極為鮮明的斷裂，這也顯示兩個政權截然不同的性格。
換言之，農業化學的個案，不僅有助於了解知識的引介
與產業建立，更是觀察不同國家政權的線索，十分具有
歷史意義。

　　綜上所述，本書所探討的近代中國農業化學事業具

有幾個特徵：其一為該知識乃由西方引進，19 世紀末中日雙方大約同時接受、互相影響，但在 20 世紀後逐漸走向不同發展道路。其二，走上不同分歧的原因與國家發揮之作用有密切關係，因此不能不思考政府部門在新事業引進與推廣中的作用。其三，儘管國家在農業化學事業中扮演舉足輕重的角色，但廣大的農村消費市場左右該事業的進展，因此不能忽視市場運作的模式。其四，國家與市場之間的角力，通過農業化學為線索，可以看到政府的農推部門、學術研究部門與農村之間的互動。從知識建構、生產銷售以及農業推廣等各方面出發，與當代農業化學利用型態互相比較，通過今昔對照，俾了解形成近現代農化之產業樣貌、利用情形，以及環境影響等各方面的歷史脈絡。從東亞視野出發探討日本與中國在引進新式農業，推動產業現代化的不同道路，對此或能回應前述「農工並進」的概念，從而探討農業與工業之間彼此的配合以及其間發生的「化學作用」。

農業做為近代中國經濟的主要部門，在 20 世紀東亞諸國的經濟轉型中具有重要地位。此一階段現代部門對農業的影響，以及農業市場支持工商製造的作用，都有必要進一步討論。農業化學做為現代部門參與農業生產的線索，並不僅是給農民帶來生產程序上的變革，同時帶來的是新式知識、產銷配售關係、生產組織以及政府角色等種種改變，皆使得現代部門能更深刻地影響農村。因此探討農業化學事業的課題，不僅是中國農業轉型的歷程而已，更能在東亞農業發展以及農業科技發展

的全球史中發現其意義。過去一般認為農業在鄉村、工業在都市，但通過前述農業化學的影響，新式知識勢必進入鄉間，農村的需求也影響當局政策及業者生產方針，所以在此觀點下，能更全面地觀察現代化之際，農工業乃至社會經濟變革的種種課題。

　　總而言之，農業化學是現代工業、製造業之一環，卻關係著傳統農業部門的轉型與成長。在現代部門發展之際，也影響了傳統部門的變革。藉由農業化學發展的內化過程，可以發現知識傳播、產業建立與政策影響等多重力量。這些過程與今日中國經濟轉型也有異曲同工之處，包括在最先接受現代部門的區域高度重疊；現代工業生產也建立在農產加工等輕工業之上；人口壓力導致農藥、肥料、品種改良等需求提升，也帶來劇烈的環境變遷。對此一歷史經驗、產業發展歷程的探索，實際上也是試圖回應如何形塑今日社會樣貌的種種現實關懷。

第一章　近代東亞新式　　　　　農業科學的引進

　　19世紀中葉，歐洲出現新式農業科學，除了運用生物學進行作物品種改良，以及利用石化能源、蒸汽機進行大規模農墾和環境改造之外，最重要的發展，當屬農業化學知識的建立。農業化學知識屬於近代化學發展之一分支，其最大意義，在於改變過往農業活動中的「經驗法則」，將原本仰賴長時間操作、累積錯誤的農業活動，轉變成為可以運用科學方法分析、量化統計，進而能大規模推廣的一門新興產業。[1]在現代農業科學的支持下，新帝國主義得以在全世界建立更大規模的城市聚落，以及推展殖民地種植事業。[2]

　　伴隨著歐洲人抵達東亞，中國與日本在19世紀下半也開始引進新式農業科學，並且不約而同地注意到，農產增加是經濟發展的重要基礎，在「經世致用」或「殖產興業」的目標下，學習農業知識成為重中之重。

1　傳統農學的經驗法則，可以清代包世臣所著之《齊民四術》（收錄於包世臣，《安吳四種》合刊）為代表。該書刊刻於1844年，分為農、禮、刑、兵四部份共十五卷，講述治理地方百姓的意見。第一卷農一上，以包氏在家鄉種菜的經驗，總結推行農業的辦法，反映傳統農業知識累積的經驗法則特徵。包世臣，《安吳四種》（咸豐元年刻本）。

2　Alfred W. Crosby, *Ecological Imperialism: The Biological Expansion of Europe, 900-1900* (Cambridge: Cambridge University Press, 1993), pp. 298-303.

特別是能實際提高產量、減少蟲害且構成現代食品加工業基礎的農業化學，更是在知識引進伊始，便受到中日兩國知識分子高度重視的新學科。然而不能忽略的是，無論日本或中國，都是具有悠長農業生產經驗、龐大農業人口，以及獨特農業技術的國家，引進新技術的同時，必然面臨到與既有技術的競爭、融合，其間的過程，正是考察技術轉移與現代性形成的關鍵線索。

因此，若要探討有關農藥與病蟲害防治知識的建立，就必須先釐清該知識傳播、接受與本土化的過程，並考察其中哪些力量發揮關鍵作用。本章首先通過傳統農學知識中有關人造物利用、病蟲害防治知識的轉變，以至於晚清西學引介的相關資料，釐清新式農業科學的轉譯脈絡。並通過 20 世紀上半大專院校相關科系的設置、學報論文和一般雜誌文獻等資料，嘗試從農業化學知識之引介與應用出發，探討 19 世紀末此一新概念傳入至 1920 年代間，如何從傳統的農業經驗法則，過渡到新式高等農學教育，特別是現代國家扮演的角色，藉此做為近代中國農業改良中，農業化學認識與應用的起點。以下即分別從新式農業科學傳入、高等教育機構的設置、知識與產學結合等各方面，討論農業化學在近代東亞的發展。

一、從傳統農學到新式農業科學

近代中國農業化學知識體系的建立，其背景是 19 世紀中葉以來西學傳播之一環，頗受時人重視。細究其

原因，農業乃傳統中國最重要的經濟活動，自古以來深受士人關心，陸續有《齊民要術》、《農政全書》等農學著作問世，這些著作也保存許多珍貴的農業知識。洋務運動以後，科學化的農業傳入中國，同樣引起知識分子注目、翻譯引介這些新知，而後透過新式高等教育及政府機構推行，使中國新式農業進一步發展。[3]

　　明、清兩代是中國傳統農業知識的巔峰期，高度發達的教育、嚴格的科舉制度，使得許多落第文人轉而關心實業，希望藉由著書留下身影。[4] 在耕讀傳家的文化認同中，農業自然成為許多人關心的課題，從而保存許多傳統農業知識。在傳統中國的農業知識中，施肥、驅蟲乃重要的田間工作，往往花費農家大量心血，如何有效執行這些勞作，在許多著作中都有提及。

　　農民利用化學作用改善農業生產的作法，早已有相當歷史。最常使用於改良土地、驅除蟲害的人造物當屬石灰，南宋陳旉（1076-1156）在《農書》中已有「將欲播種，撒石灰淤漉泥中，以去蟲螟之害」（耕耨之宜篇第三）、「雜以石灰，蟲不能蝕」（六種之宜篇第五）的說法，利用石灰防治稻螟蟲。元代王禎（1271-

---

3　關於農學知識轉型，可參考馮志傑，〈晚清農學書刊出版研究〉，《中國農史》，卷 25 期 4（2006 年 11 月），頁 24-30；王思明，〈中華農學會與中國近代農業〉，《中國農史》，卷 26 期 4（2007 年 11 月），頁 3-7。至於晚清新式農業知識與傳統農學的延續與斷裂，筆者希望將來另文討論。

4　明清時代文人討論治生或家庭經濟的著作頗多，如丁耀亢的《家政須知》、陳繼儒的《致富奇書》、王士俊的《閑заст篇》或張英的《恆產瑣言》等。相關研究可參考周敘琪，《明清家政書與家庭經濟論的新發展》（臺北：政大出版社，2022）。

1333）的《農書》提到種菜的方法「凡菜有蟲，擣苦參
根併石灰水潑之即死」（卷二農桑通訣二），結合植
物性的苦參與礦物石灰混合驅蟲。明代馬一龍（1499-
1571）也有「近者田家治蟲之法多以石灰桐油，布於葉
上亦可殺也」（《農說》清刻本），同時利用桐油與石
灰進行殺蟲作業。至明末清初張履祥（1611-1674）輯
成的《補農書‧下卷》中，提出石灰以外的殺蟲方法，
「桑蟲捉不盡，恐因捉損桑，則用爆仗藥線入蛀穴，以
火燒之，蟲聞即死」這是利用生火燃燒產生的氣體來除
蟲。這些紀錄顯示，蟲害做為農業生產的重要問題，如
何更有效地運用藥劑達到殺蟲的目標，在歷朝的農業知
識中都普遍受到重視。只不過，雖然傳統農業中已注意
到利用各種簡單的藥物防除蟲害，但這些描述片段零
碎，可以推測僅止於小規模使用。

　　那麼在傳統農業生產中，面對大規模的害蟲問題，
主要的應對方法有那些呢？相對於利用石灰、火藥等化
學加工品進行土壤改良或災害防治，面對農業中大規模
的病蟲災害時，傳統農業技術應對的手段，反映出那些
元素呢？綜觀傳統時期，蝗災可以說是歷朝官員、學者
最為重視的病蟲災害。清中葉以後隨著人口壓力增長，
治蝗工作也成為政府重要的任務，也使得官員或文人留
下大量蝗蟲防治的著作，可以反映出 19 世紀中國傳統
農業中的病蟲害應對觀念。傳統中國農業的治蝗觀念，
從三本刊刻於清代中晚期的著作可見一斑。這三本代表
清代傳統治蝗思想的書籍，分別是陳芳生的《捕蝗考》

（四庫全書本）、[5] 錢炘和的《捕蝗要訣》（咸豐六年刻本）[6] 以及陳崇砥的《治蝗書》（光緒六年刻本）。[7]

根據《捕蝗考》、《捕蝗要訣》及《治蝗書》三本著作展現的蟲害防治經驗，可以歸納出幾個傳統農業知識的特徵。首先是這些著作中會討論蝗災與其它自然災害的本質差別，從而明確定將蝗災的預防、救治，歸類在人力可及的範圍。蝗災與天災不同之處，在於蝗災具備可預測性、可以利用人力消弭。《捕蝗考》引用明代徐光啟的〈除蝗疏〉指出：「兇饑之因有三、曰水、曰旱、曰蝗……惟蝗又不然，必藉國家之功令，必須羣邑之協心，必賴千萬人之同力一身一家，無戮力自免之理。此又與水旱異者也，總而論之，蝗災甚重，除之則易，必合眾力共除之」，亦即相較於水旱這類天然不可抗力的災害，蝗蟲問題更可依靠人力來解決。《捕蝗要訣》序文更直接討論：「聞愚民惟事賽神，僉曰是有神

5　陳芳生（生卒年不詳），杭州府仁和縣人，所著《捕蝗考》收錄於《四庫全書》史部三十八・政書類二中，全書分「備蝗事宜」與「歷代捕蝗法」兩部分，針對宋代以來的治蝗政策條列說明，四庫全書總目提要稱其「條分縷晰，頗為詳備。雖卷帙寥寥，然頗有裨於實用也。」

6　錢炘和（1796-?），雲南昆明人，道光十五年進士，曾任四川郫縣知縣、直隸天津府知府、長蘆鹽運使、直隸布政使等職。所著《捕蝗要訣》係錢氏於直隸任職地方官員辦理治蝗工作的經驗總結，對了解 19 世紀初的傳統農業防治蟲害具有重要意義。生平資料見「人名權威人物傳記資料庫」，https://newarchive.ihp.sinica.edu.tw/sncaccgi/sncacFtp，2021/02/24 查詢。

7　陳崇砥（?-1875），字亦香，福建侯官人，道光二十五年舉人，曾任直隸河間府東光縣知縣、直隸大名府、河間府、順德府知府等。《治蝗書》是陳崇砥長期在河北辦理除蝗工作的心得，對蝗蟲的生長、捕捉方式與工具等，都有詳細描述。生平資料見「人名權威人物傳記資料庫」，https://newarchive.ihp.sinica.edu.tw/sncaccgi/sncacFtp，2021/02/24 查詢。

焉慎勿傷，傷之恐愈多。果爾，則田祖有神秉畀炎火之謂何？且神依人而行，人果不憚勤勞合力驅除，神必相之，未有不憫小民之疾苦，而縱物殃民者也」。不僅指出傳統時期萬物有神的觀點與社會之間的互動，也強調群策群力除蝗工作，乃順天應人之舉。還言之，病蟲害這種農業災害，並非不可控制，而是需要積極應對，配合傳統知識體系中的天人感應，賦予官員們組織農民力量防止災害的道德正當性。

進而言之，傳統中國的蝗災防治，仰賴大量人力投入，占用可觀的農業勞動力。再加上蝗災嚴重的長江以北地區，往往是連接的平原地形，蝗災害影響範圍廣大，更仰賴地方政府組織勞力同時進行撲殺。儘管前文已提到石灰、桐油或火藥等除蟲手段，但實務上仍然以農民拉網捕捉、徒手除蟲為主要方式。這也使得如何判斷蝗蟲孳生，仰賴豐富的經驗傳承；而如何防範未然地提前將蟲卵、幼蟲消滅掉，更是傳統農業中預防蝗災的關鍵。

19 世紀的三本蝗蟲災害防治書籍，顯示的是傳統知識體系對病重災害的理解。以氣候與五行方式，解釋了蝗蟲生成的原因，並共同主張大量的人力，是防止蟲害的主要方式。這樣的著作，賦予了國家主導糾集大量農民，跨區大規模地防治病蟲災害的合理解釋；但也不能忽略，這些書籍的作者多半是官員，是否出現蝗災關乎能否完成課稅的目標，直接影響了他們的仕途。也因此這些書無一例外地強調，有經驗的官員在其間的重要性。

圖 1-1　除蟲八法之撲打莊稼地內蝗蝻式

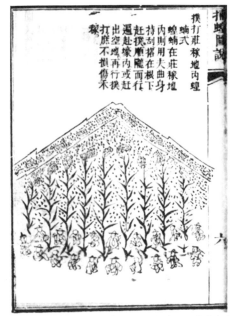

說明：錢炘和的《捕蝗要訣》附有除蟲八法圖示，反映十九世紀中國
　　　傳統農法中驅除病蟲的手段，大多依靠大量人力進行捉蟲。
資料來源：錢炘和，《捕蝗要訣》（咸豐六年刻本）。

如果說 18 世紀末至 19 世紀中葉的《捕蝗考》、《捕蝗要訣》及《治蝗書》反映出傳統中國的蝗災防治觀念，那麼 1826 年出版在日本出版的《除蝗錄》可說是現代農學引進東亞之前，日本傳統農業對病蟲災害的認識與應對，恰好也能與晚清的中國著作相互比較。《除蝗錄》的作者大藏永常（1768-1861）為江戶末期著名農學家，著有農學書籍多部，是江戶農學集大成者。

1826 年的《除蝗錄》及 1846 年的《除蝗錄後編》[8] 詳細指出蝗災對農業的重大傷害，從該書將蝗蟲生長與氣候五行連結，以及對蝗蟲分類名稱來看，都能見到與同時期清代學者對蝗蟲認識的一致性，顯示中、日兩國在 19 世紀上半，對蝗蟲災害的認識，具備相同的基礎。

　　然而有趣的是，有別於清代官員著作中強調大量運用人力剪除蟲卵幼蟲，或是組織群眾圍捕成蟲的辦法。大藏永常所提出的除蝗手段，除了以人力驅趕之外，更注意到鯨魚油的作用，認為利用鯨魚油混合其他魚油施灑於稻田，就能達到防治蝗蟲的目的。1846 年大藏永常再提出運用芥子油、牽牛子油、油桐、馬醉木、石灰等加工物防治蝗蟲，在前書的基礎上對各種除蟲藥劑製作方式有更詳細的說明，這些防治手段與同時期的中國相比，顯然更為多元。以《除蝗錄》為代表的江戶日本農業病蟲害防治技術，可以看到與中國具備相似的文化脈絡，但在強調國家組織，以及配合的藥劑方面，有不同的面相，這可能是中、日兩國在不同國家體制、不同的人力與物產資源上分別發展的結果。

8　大藏永常（1768-1861），出生豐後，長期服務於地方藩主，著有農學書籍數十種，與佐藤信淵、宮崎安貞共同被稱為江戶日本三大農家。《除蝗錄》及《除蝗錄後編》可詳見「神戶大学附属図書館デジタルアーカイブ」，https://da.lib.kobe-u.ac.jp/da/sc/0100404731/，2021/02/24 查詢。

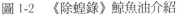

圖 1-2　《除蝗錄》鯨魚油介紹

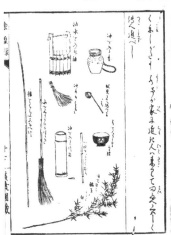

說明：大藏永常在《除蝗錄》中提出利用鯨魚油防治蝗蟲的作法，
　　　書中詳細介紹各種鯨魚品種，以及配合施灑的工具。
資料來源：大藏永常，《除蝗錄》（1826 年刻本）。

　　蝗蟲做為農業生產中具有悠久歷史、漫長對抗經驗
的物種，在中國傳統農學中可以看到對其認識有深厚的
知識傳承，這種知識傳承建立在天人感應、道德政治等
傳統基礎上，直至晚清達到高峰。中國農業知識中可
以看到石灰、桐油或火藥等除蟲手段，但在 19 世紀的
相關著作，最多的還是訴求大量調動人力，進行除蟲工
作。相較之下，江戶末期的日本，已有農業藥物使用的
跡象出現。此一方展趨勢，又與 19 世紀中以降新式農
業在歐洲出現，迅速波及世界，至 19 世紀末中、日兩
國都面臨新式農業洗禮有密切關係。

二、農業化學知識在東亞的傳播

　　19世紀中葉德國化學家李比希（Justus von Liebig, 1803-1873）是新式農業發展的關鍵人物，由他開始奠定現代農業科學的基礎，展開一系列化學農藥與生物學實驗。19世紀下半葉後美國在現代農業科學方面也急起直追，此後歐美新農業的發展，與化學、生物學等科學有密切關係，大幅改變歐美農業面貌，此一農學新發展浪潮，稍後也波及東亞，中國與日本都成為歐美農業科學大展拳腳的新場域。[9]

　　對比傳統的農業知識，19世紀發展的新式農業科學，強調通過分析尋找規律，再借助實做試驗改良等科學方法，與傳統農業的經驗法則有很大不同。在各種農業生產程序中，帶來最大影響的，無疑就是要進行植物、昆蟲、土壤、肥料與藥劑等各種採樣分析，並推出各種產品的農業化學。此一新式農業科學的經神，跟傳統農業知識比較，更加地強調各種研究機構發揮的作用。然而這並非表示新式農業知識完全取代傳統知識，恰好相反的經驗是，明治日本雖然積極引進新式農業，但在19世紀下半，仍是強調農場經驗的「老農派」佔

9　以日本的經驗為例，如19世紀末德國人 Oskar Kellner、Max Fesca 建立東京的駒場農學校，美國人 Horace Capron、William Clark、David Penhallow 開發北海道農業等。見ユネスコ東アジア文化研究センター，《資料御雇外国人》（東京：小學館，1975），頁272、369；Robert S. Schwantes, "Foreign Employees in the Development of Japan," in Ardath W. Burks ed., *The Modernizers: Overseas Students, Foreign Employees, and Meiji Japan* (Boulder and London: Westview Press, 1985), pp. 207-218.

據主導地位的時期，彼時日本政府推動的各種新政改革，與農村的傳統力量相互競爭，新式農業並未佔據上風。大致到了 1890 年代以後，新式農業科學才逐漸被日本各界所接受。[10]

　　同樣地，大約到 19 世紀末，中國知識分子對於農業化學已有初步認識。1892 年盛康（?-1902）編輯的《皇朝經世文續編》中，收錄有曾任上海江南製造局翻譯的趙元益（1840-1902）之〈備荒說〉，談到學習西方農學教育，運用化學知識改良農業。[11] 1897 年羅振玉（1866-1940）在上海主持農學會，積極翻譯新式農業科學書籍，梁啟超（1873-1929）在農學會的機關報《農學報》題序中，也提倡「興荒漲之墾利、抉種產之所宜、肄化學以糞土疆、置機器以代勞力」。[12] 19 世紀末歐美各國在農業化學方面已頗為重視，設有專門機構發展農業化學、農業機器等新式農業科學的發展，引起中國知識分子注意。從孫文在 1891 年前後發表〈農功〉一文，也能清楚看到時人呼籲清廷重視新式農業科學的主張：

　　　用考農功與化學諸家詳察地利，各隨土性種其所

10　西村卓著，《「老農時代」の技術と思想》（東京：ミネルヴァ書房，1997），頁 1-5；井奧成彦，〈明治期畿内の老農にとっての綿作と養蠶：山城国相楽郡祝園村松田弥三郎を素材として〉，《經濟學論叢》，期 64 號 4（2013 年 3 月），總頁 1017-1033。

11　趙元益，〈備荒說〉，收入盛康編，《皇朝經世文續編》，卷 44，戶政 16 荒政上，頁 42-43。

12　梁啟超，〈農會報敘〉，《時務報》，期 23（1897 年 4 月 12 日），頁 4-7。

宜……至牲畜受病若何施治、穀蓏木蠹若何豫
防……先考土性原質，次辨物產所宜，徐及澆溉、
糞壅諸法，務欲各盡地利、各極人工，所以物產贏
餘，昔獲其一，今且倍蓰十百而未已也。西人考察
植物所必需者，曰燐、曰鈣、曰鉀，燐為陰火出於
骨殖之內，而鳥糞所含尤多；鈣則石灰是已，如螺
蚌之壳，及數種土石均能化合；而鉀則水草所生，
如稻、藁、茶、蓼之屬，考驗精密而糞壅之法無微
不至、無物不生……其尤妙者，農部有專官、農功
有專學，朝得一法暮已遍行於民間，何國有良規則
互相仿效。[13]

　　從其中說明來看，對於歐美國家利用農業化學調查
土壤性質、發展肥料及農藥等現代農業科學，已有相當
認識。更重要的是，歐洲各國通過高等教育及研究機
構，使最新的農業化學知識得以快速應用，這也是晚清
知識分子所欽羨的。所以大概可以知道在 1890 年代左
右，新式農業伴隨著現代化、富國強兵等思想的蓬勃，
已經獲得相當程度的重視。

　　除了在各類刊物上對新式農業科學的引介外，19
世紀末農學會，也陸續譯介出版了日本翻譯的《戎氏農
業化學》、《農場化學》、《小學農用化學》、《農用
分析表》、《農產物分析表》等刊物，更進一步向中國

13　孫文，〈農功〉，收入《國父全集》（臺北：中央文物供應社，
　　1957），冊 2，頁 189-191。

人介紹什麼是農業化學。利用這些材料，我們得以分
析甫傳入之際，時人認知中的農業化學，其中康有為
（1858-1927）在《日本書目志》大力稱讚《戎氏農業
化學》可視為是典型例子，具有強調與中國傳統農學經
驗結合的特徵。康氏認為：

> 《周禮》草人掌土化之法，以化學為農業本，吾中
> 土學也，惜不傳矣。泰西窮極物理，皆可以化學分
> 合變移之。造物者之神靈，亦不過造化而已。今泰
> 西於製冰、製電，皆以人力代化工。化之為學，大
> 矣哉！今泰西化學要書，日本皆已譯之，戎氏農學
> 尤其精絕，亦中國宜亟亟也。[14]

　　這本受到康氏盛譽的《戎氏農業化學》，是英國化
學家莊士頓（James F. W. Johnston, 1776-1855）於 1852
年出版的 *Catechism of Agricultural Chemistry* 一書，在歐洲
造成極大影響。書之序言即明白指出，過去農業知識在
實業發展中相對不被重視，但隨著其他科學的進展，
化學、地質學的運用，藉由科學的輔助使農業提高到
和其他實業相同地位。英國化學家卡麥隆（Charles A.
Cameron, 1830-1921）於 1877 年增補地質學章節後，
1884 年由日本農商務省官員片山遠平（1843-1900）翻
譯為日文。[15]

14　康有為，《日本書目志》（上海：大同譯書局，1897），卷七農
　　業門。
15　戎斯頓著，片山遠平譯，《戎氏農業化学》（東京：文部省編輯

　　接著再以《戎氏農業化學》來觀察 19 世紀末東亞
世界所認識的農業化學知識，該書分為四十五章，依次
介紹農學概念、化學知識、動植物學、地質學、植物生
產要素、土壤改良要素等，尤其對於各種肥料有詳細討
論；書末也介紹了畜牧知識與化學的關係。從其章節內
容，大致能看到利用化學元素分析植物生長，此即現代
農業化學的最重要核心。進一步舉例來說，第十六章特
別說明「石灰並其農業上使用方法」，提到這種自古以
來的農田改良利器，詳細分析石灰的性狀、作用，列舉
各種來源的不同石灰，其成分和功效之差異。更重要的
是，書中說明理想石灰的配方製法，以及合理的施用劑
量，是 19 世紀末農業化學知識的基本型態。此外《戎
氏農業化學》也提及化學在原料加工上的作用，可說是
開啟 19 世紀中葉以後，農業與工業透過化學加以結合
的發展趨勢。[16]

　　化學方法在農業科學中的地位，1893 年《萬國公
報》談到歐美新農法便清楚指出：「新法中之可法者甚
多，其他亦不必論，論化學之關乎農學者，蓋西人於近
百年來專講化學，遂於農學全書外而別開門徑，名曰
農學新法，或又稱為農學化學之法」，[17] 因此在時人眼
中，新式的農業科學意即農業化學。1902 年的《皇朝

　　局，1884），序。

16　戎斯頓著，片山遠平譯，《戎氏農業化学》，頁 314-343；鄧植儀，
　　〈化學與農業〉，《農聲》，期 139（1930 年 11 月），頁 1-4。

17　貝德禮著，李提摩太譯，〈農學新法〉，《萬國公報》卷 5 期 52
　　（1893 年 5 月），頁 10b-14a。

經世文新編續集》中收錄有〈農學論〉，便言明化學是
現代農業的根本：

> 農務至要之事，以明農學為第一義。蓋植物所含各
> 種原質為何類所成？何物能養之？各種土性所供
> 植物之質，何法能化分之？倘若該土無養此植物之
> 質，則須用何等糞料、何法能比例之？此等事非學
> 不明。若祇就田面循例造工，則地力必不能盡、物
> 產必不能豐盛，如此不得謂曉農務，縱老於農事，
> 亦不過一幫助粗工之農工而已。[18]

換言之，新農業就在於應用農業化學來分析土壤、
肥料及各種影響作物生長的元素，藉此促進農業生產，
這種作法與莊士頓所揭櫫的精神一脈相承。

1902 年陳恢吾出版《農學纂要》一書，[19] 可說是
19 世紀末中國新式農學發展的集結。該書分為四卷，
第一卷為總論，第二卷至第四卷分別介紹農業、林業及
蠶絲業的經營方法。該書篇首即言明農業化學的重要
性，強調唯有利用化學方法分析，才能充分發揮地利，
提升單位面積生產量。卷一分別強調氣候、土壤、施
肥、輪種、選種以及農具等知識，並於卷末討論病蟲害
防治問題。其中一段討論除蝗知識寫道：

18 〈農學論〉，甘韓編，《皇朝經世文新編續集》，卷七農政上。
19 陳恢吾，生平不詳，《農學纂要》共四卷為光緒二十八年刻本，
　　收錄於《四庫未收書輯》第七輯。

掘其產卵之土，築疊之厚二寸許，覆以土厚四五寸，極力踏壓則不能化。又或投之河中、或埋凸處亦可。產卵於畦間或荊竹間者，用手揪破其表土，採集其卵而埋殺之。巳成蛹，張網於蛹飛所向之路，自後徐追之，蛹跳入網中，乃收之袋而埋殺之。又鑿溝於蛹所向之路，溝中設深阱數處，自一方追之，蛹陷溝中內掃入阱而埋殺之。又取生木矯為圈或圓形、或半月形，縫以布袋，當朝露未晞時，用此網驅蛹滿袋內，移之他囊而埋殺之……見螟則放水至二寸，灌魚油及石灰油經兩三日，盡決田水然後內注，每田一反用魚油四五合、石灰油一二合，以竹筒尺七八寸鑽小孔而注之，注後振其稻使蟲落水，稻實收後務速鋤去殘株，翻入土中，則螟蛹盡死……見麥凋衰者，遂拔而注之石灰水，其種處亦注以石灰水、鹽膽水。硫黃一握和煤末，布嫩芽周圍，又綠礬、丹礬加石灰、石鹼、食鹽及煙草、苦參、胡桃皮葉，為粉桃葉、秦椒、黃棟、烏桕木，煎汁皆殺蟲，或撒之地內除地中蟲、或灑枝葉除枝葉蟲、或注樹孔、或獨用、或配合數味隨宜施之。[20]

　　19 世紀末受到新式農業化學影響，中國傳統農學的操作方式也有明顯變化，例如與日本相同都利用魚油防除病蟲害，或依傳統方式使用石灰水、鹽水、硫磺等進行除蟲，另外也大量使用不同的植物加工進行病蟲害

20　陳恢吾，《農學纂要》，卷一。

防治。然而儘管如此，傳統的以人力驅趕蝗蟲、設置陷阱捕捉蝗蟲，以及大量出動人手摘除蟲卵等手段，仍是當時中國傳統農業防治病蟲害的主要手段。

從這些介紹來看，在 1890 年代左右，中國的知識分子是通過來自傳教士或日本的翻譯書籍，對以現代農業化學知識為代表的農業科學已有所認識。但此時翻譯名稱尚未完全統一，有稱農藝化學、農業化學及農學化學之別，但是內容大致上已明確指向使用化學元素分析農業生產要素。在此一知識傳入中國的過程中，《農學報》無疑是最具代表性的刊物。

《農學報》的發行者是上海農學會，1896 年由羅振玉、蔣黼、徐樹蘭、朱祖榮等人發起，主張引介新式農業科學、振興中國農業經濟。學會設於上海新馬路梅福里（位於公共租界西側，蘇州河南岸），為了達成向社會大眾宣傳推廣農學知識的目標，上海農學會發行機關刊物《農學》半月刊，於 1897 年 5 月正式發行。1898 年後刊物改稱《農學報》，並調整為旬刊，發行至 1906 年初為止共維持九年發行三一五期，在近代中國的新式農業發展中具有重要意義。[21]《農學報》的內容主要是當時的農業政策、官員奏摺，以及國內外農業知識，尤其是經日本引介的西方農業知識。相關欄目中，自英文翻譯者為「西報」、自日文翻譯者為「東報」，由此可見日本學術譜系對中國農業知識的影響。

21　潘君祥，〈我國近代最早的農業學術團體──上海農學會〉，《中國農史》，1983 年第 1 期，頁 15-16。

特別是為了滿足日益增加的日文翻譯需求，羅振玉在上
海農學會會址旁創立東文學社，以培養日文農書翻譯人
員，其日文教席為知名學者藤田豐八（1869-1929），
任職期間為農學會翻譯大量農學書籍。[22]

　　長達九年的發行過程中，《農學報》固定欄目除
「會事」、「西報」、「東報」外，上有奏章摘錄、農
學入門、蠶桑問答、農會博議等欄目，介紹海內外農
情。其中最引人注目的是各種翻譯文章，分別來自日、
英、美、德、法等國的農業著作、技術報導、研究報告
及各項施政等，而且也有不少人物傳記，總計譯文超過
一千一百篇。這些翻譯集中在科學試驗、商務活動、栽
培作物、土壤調查、肥料製造、災荒病蟲害防治、畜牧
防疫、水產養殖和蠶桑紡織等內容，與當時中國的農業
產業結構，以及亟需改進的生產方式大致吻合。在各篇
翻譯文章中，以日本為最大宗，大量引進日本的作物栽
培、病蟲害防治技術、農業經濟及教育政策等，可說是
東學進入中國的重要窗口。[23]

　　1890 年代末，當上海農學會創辦的同時，中國各
地也紛紛出現農學會團體，提倡引進新式科學改良中國
農業，達到富國目標。上海做為西學引進中心，出版的
《農學報》也引起廣泛注意，主持上海農學會的羅振玉

22　藤田豐八出生於德島，1895 年自帝國大學漢文科畢業後前往上
　　海，先後任教於東文學社、江蘇師範學堂、北京大學等學校。
　　1923 年回日本後分別在早稻田大學、東京帝國大學及臺北帝國大
　　學擔任教授。上田正昭等監修，《日本人名大辭典》（東京：講
　　談社，2001），頁 1616。

23　金秋，〈我國本世紀初的一本生物學教科書〉，《中國科技史
　　料》，1988 年第 1 期，頁 41-43。

等，更進一步呼籲整合這些學會組織，成立務農總會，
1897 年訂有試辦章程四十六條，第一至第九條如下：

第一條　是會稱務農總會。

第二條　總會暫設於上海。

第三條　是會專為整頓農務而設。

第四條　現因各省入會者尚未多，未敢遽定會章，故
　　　　權擬試辦章程，一二年後再定詳章。

第五條　本會以農藝為主，並及蠶桑、畜牧、農產物、
　　　　製造諸事。

第六條　本會應辦之事，曰立農報、譯農書，曰延農
　　　　師、開學堂，曰儲售嘉種，曰試種，曰製肥
　　　　料及防蟲除蟲藥、制農具，曰賽會，曰墾荒。

第七條　本會願與各省同志，研究農學，凡各省官紳
　　　　士商，於農事有疑義，或有心得，或於某地
　　　　物產，某地農事，有真知確驗，皆可函告報
　　　　館主筆，登諸報章。

第八條　有關農事之圖書器具，及各種藥料及物樣，
　　　　皆漸次購置。會外及會中人亦可隨時資伙助。

第九條　募刻有關農事之文，其來函有益農事者，亦
　　　　錄之報。[24]

　　從章程中可見，第六條所言當時這些學會的任務，
主要希望達成翻譯新知、開辦學校、改良品種、推廣農
藥與肥料、舉辦農業展覽會，以及開墾荒地等目標。

24　〈務農會試辦章程擬稟〉，《農學報》，期 15（1897 年 11 月）。

觀察《農學報》所引介的新式農業知識，包括土壤氣候調查、作物品種選擇、農產加工技術等，而前文述及的農業化學更是新式農業的核心觀念，均大致與該會宗旨相符。

1898 年戊戌變法失敗，諸多與維新派有關的學會遭到查禁，然而上海農學會並未遭到取締。中國做為農業國家，農業技術的改良對國力有直接影響，1898 年上諭總理衙門，強調務農為國家根本，必須要積極引進新方法、開闢新耕地：「著各督撫督飭各該地方官，勸諭紳民兼採中西各法切實興辦，不得空言搪塞」，進一步祭出獎勵措施，允許各地督府推薦引進新法興辦農業成效卓著者，予以敘獎，其中特別點名上海農學會「上海近日創設農學會，頗開風氣，著劉坤一查明該學會章程，咨送總理衙門查核頒行，其外洋農學諸書，著各省學堂廣為編譯，以便肄習」，亦即認可上海農學會興辦雜誌、翻譯書籍的努力。[25] 自此以後，《農學報》封面還加上「遵旨刊行」字樣，意味著國家對推行新知識的支持。

除了出版刊物、翻譯書籍，農業科學特別重視田間實作，亦即需要設置試驗農場。上海農學會在 1897 至 1898 年間分別於江南造船廠旁邊的日暉港，及徐家匯等地購買土地，成立實驗農場，購買各種農具、肥料及農藥等新式產品，進行仿造試驗。[26] 這也反映了新式農

25　朱壽朋，《東華續錄（光緒朝）》（1909 年上海集成圖書公司鉛印本），卷 145。

26　見〈會事〉，《農學報》，期 3（1897 年 7 月）、期 14（1897 年

業當中雜誌這種知識傳播的平台、學會這樣的學術研究團體，以及實際的實驗場地之間比較合作的特色。

　　至於本書所探討的農業化學實際應用情形，也十分受到上海農學會的重視，包括肥料及病蟲藥劑兩大部分，都能看到《農學報》積極引介這些知識，並推薦各種新法，以及強調與舊法之間截然不同的功效等等努力。農業化學應用廣泛的農產加工方面，上海農學會也試驗種植美國種棉花、日本種水稻、以及其他葡萄、洋蔥等經濟作物，並探討各種加工、保存方法；另外 1898 年在上海的高倉廟女子蠶業學校設置養蠶實驗所，聘請日本技師主持，引進新式的蠶種來改良中國桑蠶業。這些成果，也經由一連串的賽會、推廣活動等向農民宣傳。[27]

　　晚清的農業知識引介，固然由知識分子發起的譯書、學會開啟先聲，但政府的支持仍占有重要作用。前述戊戌變法之後，維新派人士受到牽連，唯獨《農學報》被保留下來，可見清廷對新式農業知識仍有相當重視。但學會與雜誌平台，很難將行政資源援引為助力，仍舊屬於民間的範疇。而如同日本經驗揭示的，國家力量的推廣，才是新式農業科學得以快速擴大的主因。國家推廣最具體的案例，即為新式學校的設立。

　　1898 年時任湖廣總督的張之洞（1837-1909），奏請〈設立農務工藝學堂暨勸工勸商公所摺〉，即規劃於

---

　　12 月）、期 29（1898 年 6 月）等。

27　〈會事〉，《農學報》，期 29（1898 年 6 月）。

湖北設立農業及工業學校，強調「富國之道不外農工商三事，而農務尤為中國之根本」，並認為當時中國的困境在於多數農民缺乏新知，「惟中國農民向多樸拙，其於地學、化學、製器利用素未通曉，士大夫又多不措意於此，工商各業不過就其所已知已能，各謀生理，罕能同心考求以規遠大，是非官為提倡，斷不能開發民智」點名政府提倡的引導作用。當時執世界農業科學牛耳的是美國，因此張之洞也主張聘請美籍教席二人，連同官員「往近省各州縣考察農情、辨別土宜，並購致美國新式農具暨穀果佳種為試種」。[28] 張之洞的學堂政策獲得朝廷支持，同年在武昌城內設立農務學堂，招收學員。

　　1902 年張之洞進一步奏請擴充學堂，在〈籌定學堂規模次第興辦摺〉中指出，希望將原設於省城內的農務學堂遷移到城外的多寶庵，除了鄰近現有之農事試驗場外，更修堤防清理出官地二千餘畝，以利農桑畜牧森林各門課程之需，並延攬羅振玉擔任學堂總經理。1898 年設立的湖北農務學堂，是中國近代農業新式教育之濫觴，朝廷與地方督撫的支持，是該事業持續推動的重要原因；延攬羅振玉等人主持學堂，也意味著自知識分子之間發起的農業知識引介工作，進入到由國家力量支持新的階段。有趣的是，湖北農務學堂搬遷之後，原本省城內的學堂原址，被改為方言學堂，用以教授英、法、德、俄、日五國方言及地理、歷史、算術、國際法及外

28　張之洞，〈設立農務工藝學堂暨勸工勸商公所摺〉，《張文襄公奏議》，卷 47 奏議 47。

交事務等課程。[29] 這也顯示農業科學知識，在晚清翻譯事業中占有的可觀地位，可以說具備現實應用價值的農業知識，成了抽象的翻譯學、科學等知識之具體型態。

以經驗法則為主的傳統農業科學，向來受到知識分子乃至政府官員重視，私人刊刻的著作、書籍種類繁多，尤其到了清代，此類農書更是為數可觀。進入 19 世紀下半，這些私人著述的農業書籍出版傳統，轉向引進新式出版形式、引進新式農業科學，成為知識分子追求富國的新途徑。在此過程中可以發現，東學在知識翻譯中扮演日益重要的角色，而除了這些學術團體翻譯書籍外，國家也注意到農學知識引進的重要性，積極設立新式學堂、延攬海外教師，在中國建立新式農業的教育基地。這些新式學校，成為真正促使農業科學進到能系統性發展的重要里程碑。

三、高等教育中的農業科學與農業化學系

新式農業科學引進東亞，與新式學校的設立密不可分。晚清民初成立的新式農業學校（農學院），大致上分為農藝學門、農藝化學門、林學門及獸醫學門等四大領域（系）。其中林學及獸醫，分別屬林業及畜牧業，固然也是農業活動中重要的一環，但和本文討論的農業

---

29 張之洞，〈籌定學堂規模次第興辦摺〉，《張文襄公奏議》，卷 57 奏議 57。

化學事業關係沒有那麼密切；直接專注於農業生產研究，與農業關係密切的兩類學系，分別是農藝學門與農業化學門。其中農藝學門包含地質、土壤、植物品種、病蟲防治等內容，屬於典型的農業知識，運用 19 世紀下半以來發展成熟的化學、生物學以及氣象學等方法，分析農作物生產的種種條件。至於農藝化學門，則集中講授有機化學、無機化學、化肥製造、農藥應用、土壤改良及農產加工等知識。[30] 可以說，無論農藝學門或農業化學門，都是奠基於 19 世紀中葉以後新興的化學知識，更是新式農業科學的核心，因此農業化學在新式農業教育中的重要，由此可見一斑。

如前所述，晚清引進新式農業知識之際，固然許多知識來自於西學，但其中經過日本翻譯的東學，仍占有可觀地位，因此晚清的新式農業科學引進受日本影響的層面不容忽視，故談及中國大專院校中農業化學系的設置，不能不先回顧日本引進新式農業科學的歷程及其實際教學內容。19 世紀下半，明治日本設立了「勸農局」積極引進歐美式的現代農業科學，1874 年日本政府在東京新宿設立農事修學場，1878 年遷移至駒場，改稱駒場農學校。[31] 該校創立時設有農學、獸醫學及化學等科目，聘請德國化學家凱爾納（Oskar Kellner, 1851-1911）及飛思卡（Max Fesca, 1846-1917）等赴日

---

30 〈京師大學堂章程〉，《申報》，1902 年 10 月 7 日，版 2。

31 國雄行，〈内務省勸農局の政策展開：内藤新宿試驗場と三田育種場 1877 ～ 1881 年〉，《人文学報》，卷 44（2016 年 3 月），頁 67-95。

授課。[32] 1886 年駒場農學校與東京山林學校合併為東京農林學校，至 1890 年再併入東京帝國大學內。[33] 從駒場農學校設立及分科來看，日本農學校分科的方式，與晚清成立的京師大學堂，以及後來的金陵大學、東南大學等，均有許多相似之處。

在修業內容方面，駒場農學校修業年限為五年，前二年為預科，後三年為專業科，分成農學科、獸醫學科及農藝化學科三項，根據校方對農藝化學的定義，其教育包括三個層次：（一）植物營養論、土壤論、諸肥料論及植物成分論；（二）家畜生育及飼養論；（三）農產物製造論。具體科目包括了化學原理、地質學、土壤學、動植物生理學、肥料與農藝化學實驗等。[34] 這些內容可說與後來近代中國各大學中農業化學教育的內容一致。

再從表 1-1 的教學科目及時數來觀察，可以發現駒場農學校農藝化學科的課程設計，大致上第一年以基礎化學課程為主，第二年以後實驗課越來越重要。相較於農學科的內容，化學科明顯更增加肥料、農產製造的課程。相較之下，農學科則比較偏向農場經營管理，這種

32　櫻井武雄，《農業史：近代日本農業の步み》（東京：新評論社，1956），頁 101-104；松山良三，《日本の農業史》（東京：新風社，2004），頁 288-290；菊池好行，〈明治初期のイギリス人化学教師たち〉，《化学と教育》，卷 68 期 11（2020 年 11 月），頁 470-473。

33　《東京高等農林学校沿革略》（東京：駒場刊行会，1940），頁 31、55。

34　《駒場農學校一覽》，頁 52；《東京帝国大学五十年史》（東京：東京帝国大学五十年史，1932），上冊，頁 1386-1387、1390。

現象也與前述《萬國公報》等談到新式農業科學，咸以農業化學為主，由此一課程可以清楚看到農業科學有關技術方面的肥料、育種、農產加工等知識，都是放在農藝化學科當中教授。畢業於東京帝大農藝化學科的馮子章，歸國後任教於民國時期農業化學重要基地之一的中山大學農林化學系，他曾回憶 1920 年代在東京求學期間，每天上午 8 點至 12 點、下午 1 點至 5 點間，除了講義課程的時間外，其餘都是化學實驗，第一年是定量分析，第二年是土壤、肥料、飼料及食品等普通農藝化學實驗，第三年則是元素、氣體及油脂等化學實驗，以此做為畢業論文之基礎。[35] 稍後從 1920 年代中國高等院校中農業化學的課程設計，也能看到類似的情況。

---

35 馮子章，〈農業化學之重要及述日本東京帝大農業化學科之內容〉，《農聲》，期 113（1928 年 9 月），頁 8-10。馮子章（1902-?），廣東省南海人，1927 年東京帝國大學農業化學科畢業，歸國後任教於中山大學農林化學系。見《日本留學支那要人錄》（東京：興亞院政務部，1942），頁 186。

表 1-1　　1884 年駒場農學校農學科及農藝化學科授課
　　　　　科目時數表

預科時數			
科目名稱	第一年週時數	第二年週時數	備註
物理學	3	5	
無機化學	3	4	
動物學	2	4	
植物學	2	4	
代數學	2	2	
幾何學	2		
書學	3		
漢文學	3	6	
英語學	5	10	
圖學		6	
農學		6	農學與農藝化學科
骨學		3	獸醫學科
有機化學		3	
羅句學		3	
步兵操練		6	

農學科時數			
科目名稱	第一年週時數	第二年週時數	第三年週時數
農學並實習	8	8	6
有機化學	4		
定性分析	6		
氣象學	1		
理財學	2	2	
重學大意	1		
三角法測量及製圖	3	3	
農用部記法	2		
植物組織學		3	
昆蟲學		3	
獸醫學大意		3	
農產管理法			12
家畜繁殖法及管理法			12
步兵操練	3	3	3

農藝化學科時數			
科目名稱	第一年週時數	第二年週時數	第三年週時數
農藝化學	4	4	4
有機化學	4		
定性分析	6		
定量分析	12-18	12-18	20-26
氣象學	1		
植物組織學		3	
農產物製造法並實習		無定時	無定時
栽培學		2	無定時
化學的肥料試驗		無定時	無定時
家畜養肥法實習			無定時
植物水養法實習			無定時
步兵操練	3	3	3

資料來源：《駒場農學校一覽》（東京：農商務省農務局，1884），
頁 64-68。

　　相較於明治時期日本政府的大力提倡，國家成為推
動新式農業的關鍵，中國在新式農業的引進上，便顯得
稍後於日本、且國家的角色落後於民間團體。戊戌變法
之前，羅振玉、康有為、梁啟超等知識分子已經借助
創辦學會、發行報刊，致力於宣揚新式農業科學的重要
性。清廷中央推動全國性的新式農業事業，腳步較為緩
慢，但某些嫻熟於洋務的地方大員，則很快就意識到新
式農業的價值，如張之洞等督撫，也積極推動新式農業
科學教育。除前述張氏 1898 年在湖北設立的農務學堂
外，同年兩江總督劉坤一也奏請成立類似機構，「擬在
江寧地方先設農務學堂一所，選派府屬紳商之有產業者
經理其事，聘明於種植物學、農藝化學人員為之教習，
以講求物植土性所宜、糞溉壅殖之法。酌撥地畝，俾試
種以辨肥磽；略購機器，俾課功以判巧拙。樹藝、畜牧

次第推行，農民目覩成規，自必樂於從事」，[36] 在他的
構想中，農務學堂以農業化學為主要授課項目，且兼具
農事示範的功能。

庚子事變後，清廷大力推行新政，全國性的新式農
業事業逐漸有進展，農業專科教育也長足有進。為了建
立農業化學知識，自 1902 年京師大學堂成立起，其農
科之下已設有農學門及農藝化學門，為當時國內首創之
農業化學教育。[37] 除了京師大學堂外，至 1905 年中國
已有三所農務學堂成立，分別位於湖北、山西、直隸等
三處，林學堂則有湖北及山西二所。其中山西農林學堂
係延聘日籍農學士岡田真一郎及林學士三戶章造任教，
惟兩人實際任職期間並不長，可能僅有三年左右，其教
學影響有限。[38] 此外隨著新政的推展，清政府在各地成
立農林試驗場，附設有農林講習班等，這些機構不少在
民國以後發展成為農林專門學校，成為新式農業科學教
育的重要基地。

辛亥革命以後，舉辦各類新興實業蔚為風氣，1912
年北京政府頒布命令，將農林學堂一律改稱農業專門學

---

36 劉坤一，〈擬設農工商礦學堂片〉，光緒 24 年 7 月 29 日，見《近
代中國對西方及列強認識資料彙編》，輯 4（臺北：中央研究院
近代史研究所，1988），第 1 分冊，頁 190-191；〈山西農林學
堂公牘〉，《大公報》，1905 年 6 月 6 日，版 1。

37 〈京師大學堂章程〉，《申報》，1902 年 10 月 7 日，版 2；〈北
京農大籌備之經過〉，《申報》，1923 年 3 月 12 日，版 7；〈國
立北平大學農學院農業化學系一覽〉，《中華農學會報》，期 85
（1931），頁 8-21。

38 〈農林學堂〉，《浙江新政交儆報》，壬寅春季信集（1902 年 3
月），頁 12；〈山西農林學堂公牘〉，《大公報》，1905 年 6 月
6 日，版 1。

校，清末各省次第成立的農務學堂，陸續轉型成為農業
專門學校。[39] 至 1920 年代，公立農業專門學校計有北
京、直隸、河南、山東、山西、江西、四川及浙江等
校，這些專門學校是高等教育的雛型，有不少後來陸續
合併其他學校，成為各省省立大學之基礎。[40] 農業專門
學校教授的課程，大多集中在植物學、園藝學、病蟲原
理及農業行政等科目，雖然從前述新式農業科學的發展
中，化學知識在農藥、肥料、育種及農產製造等方面，
已受到各界重視，但這些農業專門學校辦學較不穩定，
化學教育的師資及課程資訊不足，難以考察其知識引介
的具體成效。

　　依據現存資料推算，自清末以來致力於新式農業科
學教育的眾多學校中，能經營穩定並持續引進新式農業
技術、開設農業化學課程的，整體而言是北京大學農學
院、南京的東南大學（中央大學）與金陵大學等三處
大專院校，他們具有較佳的教學環境及學術資源，延聘
留學海外的農學專家，因此在新式農業科學發展中十分
重要。這些高等農業教育機構中，成立最早者係北京大
學農學院，即前文所言之京師大學堂農科，學院之下設
有農學、林學及農業化學三系。自北京政府至南京國民
政府時期，北京大學雖幾經變動，但農學院一直未被裁

39　〈專門學校令出現〉，《大公報》，1912 年 10 月 23 日，版 5。

40　〈教育部公布農業專門學校規程〉、〈民國初年農業專門學校一
　　覽表〉，《中國近代教育史資料彙編・高等教育》（上海：上海
　　教育出版社，2007），頁 558-563。

撤，由此亦可見農業高等教育的重要性。[41]

　　金陵大學成立的時間，可追溯至 1888 年，由美以
美會傳教士傅羅（C. H. Fowler, 1837-1908）在南京創立
匯文書院。1909 年匯文書院合併基督書院與益智書院
等兩所教會學校，共同改組為金陵大學堂，不過當時僅
設有文科（文學院），並未有農學院與理工學院。[42] 特
別的是，金陵大學同步於美國紐約州註冊，因此畢業生
同時可取得紐約大學文憑，民國時期許多學生畢業後直
接赴美深造。至於跟本書討論主題最為相關的金大農學
院，則成立於 1914 年，前身是長老教會傳教士裴義理
（Joseph Bailie, 1860-1935）的義農會，1890 年裴氏奉
派到中國傳教，注意到華北農民生活困苦，因此推動以
工代賑，並籌辦學校教授新式農業知識謀求振興農林事
業。1930 年依國民政府頒布法令，金陵大學正式改為
文、理、農三學院，有學生六百餘人。[43] 金大農學院設
有農藝系、植物系及農村經濟系，另設有鄉村推廣專
科，畢業生多數任職於政府部門及教育機構，對民國時
期的農業推廣、鄉村建設有很大貢獻。[44]

　　有關農業化學的教學研究方面，金大並未直接設有

41　李文祺、武田熙編，《北京文化學術機關綜覽》（北京：新民印
　　書館，1940），頁 111。

42　〈私立金陵大學要覽〉（1941），中國第二歷史檔案館藏，《私
　　立金陵大學檔案》，檔號 649-83；張憲文主編，《金陵大學史》
　　（南京：南京大學出版社，2002），頁 11、15-17。

43　〈私立金陵大學要覽〉，中國第二歷史檔案館藏，《私立金陵大
　　學檔案》，檔號 649-83。

44　「畢業同學錄」（1931 年 4 月），〈金陵大學農學院組織概況〉，
　　中國第二歷史檔案館藏，《私立金陵大學檔案》，檔號 649-
　　1771。

農業化學系，而是在植物系當中設有植物病理學組及
細菌學組，從事植物病變與動植物疾病防治的教學與
研究，也在金大農業試驗場進行肥料與農藥試驗。[45] 此
外，金陵大學理學院化學、物理、生物學等科目特別
注意與農學的結合，並在全國各地設有農事試驗場，
進行作物品種、肥料及病蟲藥劑的試驗與推廣。[46] 從表
1-2 金陵大學農學院的農事試驗場設立規模來看，1910
至 1920 年代的北洋時期，設立的據點並不多，主要也
集中在江南的江蘇、安徽地區，至於位在華北定縣的農
業試驗場，也是很早就與美南浸禮會合作設有農事試驗
場。但真正大量機構設立的時間點，是 1930 年代國民
政府時期，不僅江南地區設立多處試驗場、推廣站，山
東、山西、陝西也都設立不少機構，顯示新式農業推廣
範圍的擴大。可惜的是，中日戰爭爆發後，這些機構大
多停頓或遷移，大後方儘管也成立幾處新的農事試驗
場，但數量與範圍上，都比戰前少了許多。

45　《金陵大學農學院概況》（南京：金陵大學，1933），頁 57-
64。

46　「各項統計表與教育部的往來文書」（1930 年），〈金陵大學文
學院、理學院、農學院概況〉，中國第二歷史檔案館藏，《私立
金陵大學檔案》，檔號 649-74。

表 1-2 金陵大學農學院與有關機構建立的農事試驗場

省分	機構名稱	地點	備註
江蘇省	金陵大學農學院農事試驗總廠	南京	1916 年成立
	南京種子中心區	南京	1934 年成立
	蘇州農校農場	蘇州	1934 年成立
	太嘉寶農事試驗場	崑山	1934 年成立
	黃渡師範學校農場	嘉定	1928 年成立
	江蘇小麥試驗場	銅山	1926 年成立
安徽省	烏江農業試驗分場	和縣	1933 年成立
	蕪湖農業職業學校農場	蕪湖	1935 年成立
	烏江種子中心區	和縣	1934 年成立
	南宿州農事試驗場	宿縣	1922 年與北長老會合辦
	宿縣種子推廣區	宿縣	1934 年成立
河北省	燕京作物改良農場	北京	1924 年成立，1931 年隸屬金陵大學
	定縣農事試驗場	定縣	1933 年與平教會合辦
河南省	開封農事分場	開封	1923 年與美南浸禮會合作
	興隆集推廣區	開封	1934 年成立
湖北省	金水國營農場	武昌	1936 年成立
山東省	山東農事試驗場	濟南	1930 年與華洋義賑會合辦
	青州農事試驗場	益都	1933 年與齊魯大學、膠濟鐵路合辦
	周村農事試驗場	濟寧	1933 年與齊魯大學、膠濟鐵路合辦
山西省	銘賢農事試驗場	晉中	1930 年與銘賢學校合辦
陝西省	西北農事試驗分場	涇陽	1933 年與西北農工改進會合辦
	涇陽種子推廣區	涇陽	1937 年成立含三元、富平、高陵等縣
	南鄭種子中心區	南鄭	1940 年成立
四川省	成都臨時試驗場	成都	1938 年金陵大學遷校後成立
	安縣奠高農場	安縣	1938 年成立
	溫江鄉建會農場	溫江	1939 年成立
	溫江種子中心區	溫江	1938 年成立
	安縣種子中心區	安縣	1938 年成立

資料來源：李瑛，《民國時期大學農業推廣研究》（合肥：合肥工業大學出版社，2012），頁 92-93。

　　金陵大學畢竟是教會私立學校，雖然可以觀察到國民政府時期對農業高等教育的支持，但終究難以充分反映出國家力量在農業高等教育的作用。但另一處在新式農業教育中扮演重要角色的中央大學，則可以代表國家

對農業科學的重視。中央大學最初是由兩江總督張之洞
於 1903 年所創立的三江師範學堂，清末民初因政局動
盪而停辦，直到 1915 年時，才在原址上重建南京高等
師範學校；1921 年北京政府將南京高師擴大為國立東
南大學，遂成為東南地區的學術中心。東南大學成立時
設有文學院、理學院、教育學院、工學院、商學院及農
學院等六個學院，頗具規模。其中農學院包含七個系，
分別是植物系、動物系、園藝系、農藝系、畜牧系、桑
蠶系及病蟲系等。1928 年南京國民政府成立後，將東
南大學改名為中央大學，大力支持該校成為與北京大學
並駕齊驅的教學研究重鎮。[47] 中央大學的農學院繼承自
兩江師範學堂農學博物科、[48] 江蘇省立第一農業學校等
傳統，1921 年東南大學成立後即聘請農業化學專家、
美國康乃爾大學農學博士鄒秉文（1893-1985）擔任科
主任，足見該校對農業化學的重視。[49]

　　位於廣東的中山大學，也是近代農業科學教育的
重要基地。1909 年廣州成立廣東農林試驗場，其內附
設農業講習所及林業講習所，至 1917 年擴展成為廣東

---

47 朱斐主編，《東南大學史》，卷 1（南京：東南大學出版社，
　 2012），頁 8、25-26、77-81、153。

48 兩江師範係 1903 年由張之洞奏請成立，初名三江師範，由張氏
　 聘請日人菊池謙二郎擔任總教習，其餘十一位教師皆為日本人，
　 其博物科聘有日本理學士及農學士擔任。〈兩江師範學堂續聘東
　 教習〉，《時報》，1906 年 5 月 16 日，版 5。

49 鄒秉文（1893-1985），江蘇吳縣人，畢業於美國康乃爾大學，
　 1916 年歸國任教於金陵大學農林科，教授植物學與植物病理
　 學，1917 年改任教於南京高等師範學校。1931 年出任國民政府
　 中央農業改進所籌備委員、實業部技正、實業部商品檢驗局局長
　 等職。見 Who's Who in China: Biographies of Chinese Leaders (Shanghai:
　 The China Weekly Review, 1936), p. 58。

省立農業專門學校。1924 年廣東大學成立，農業專門學校改組為農學院，嗣後在 1926 年更名為國立中山大學。中山大學農學院成立之初即設有化學系，但規模不詳；1928 年將原本屬農學系的土壤肥料研究，及屬於林學系的林產加工等科目集中至化學系，改稱農林化學系，並分為土壤肥料門及農產化學門兩類，由此可見此時對化學在農林上應用的重視。從農林化學系的分門亦可發現，此時農業化學知識最主要應用的方向，就是肥料研究製造與農產加工方面。[50]

圖 1-3　1928 年中山大學的農業化學實驗室

資料來源：〈國立中山大學農林科農業化學室之一部〉，《農聲》
　　　　　（1928 年），頁 3。

整體而言，至 1920 年代中期左右，除了各地成立

50　〈農林化學系工作報告〉，《農聲》，期 139（1930 年 11 月），
　　頁 61-73。

的農林專門學校外，中國高等學校自北而南包括北京大學、中央大學、金陵大學及中山大學等校，都陸續在農學院中設立化學相關科系，致力於農業化學知識的研究及教學。尤其中央大學與金陵大學所培養的農業技術人才，在 1930 年代南京政府的國家建設中發揮重大作用，是當時中國最重要的新式農業教育中心，從近代中國農業科學家的傳記分析，這兩所學校培養了近半民國時期農業技術人才。[51] 農業高等教育的蓬勃發展，使新式農業科學在中國落地生根，也意味著農業化學的應用獲得各界廣泛重視，從這些學校有關農業化學應用的教學研究工作上，更能觀察到農業化學在新式農業中的關鍵作用。

四、新式農業的課程、研究與應用

自清末起，中國知識分子已認識到農業化學的應用廣泛，舉凡作物栽植、土壤改良、農藥與肥料製造，以及食品加工等無所不包。從 19 世紀末日本對農業化學的認識，也能發現大體上區分為農作物栽培（肥料）、牲畜養殖，以及農產加工等方面。經歷晚清至民初的發展，農業化學知識已日趨多元、深入到農業生產、農產加工等各個層面。任教於中央大學農業化學系、東京帝國大學農藝化學博士王兆澄特別指出，農業化學有三方

---

51 張劍，〈中國近代農學的發展──科學家集體傳記角度的分析〉，《中國科技史雜誌》，2006 年第 1 期，頁 1-18。

面，其一是生產面，包括土壤學等；其二是變形方面，包括農產製造；其三是屬於利用層面，包括營養學、食品學等，鼎足而三缺一不可，[52] 此一特點也能在農業化學系的課程中找到線索。

1928 年北京大學農學院教師成立了中國農業化學會，以推廣農業化學應用為學會宗旨，1930 年該學會對社會大眾的演講中即指出，農業化學的應用，可以「（1）把未開墾的不毛之地變成膏腴沃壤；（2）使已耕的地每畝產量增加；（3）把農場上無用的廢物變成食料或用品；（4）防除病蟲害使作物不受損失；（5）保存已經收穫的產品或製成食物使之不腐壞」，[53] 從其內容已充分指出農業化學運用至農藥、肥料、食品加工等範圍。而大專院校的農業化學課程，同樣能看到對這些應用層面的重視。相較於 19 世紀末的認識，20 世紀初期農業化學應用，在病蟲害防治藥劑製造即推廣上發展最快，也是本書討論焦點。

另一方面，農業化學教育廣為各界重視，係受到 20 世紀初期中國農業化學應用突飛猛進的影響。其中之一是化學肥料的引進，中國進口化學肥料（硫酸錏）始於 1904 年，初期進口量不大 1925 年消費量約為二萬噸，隨後逐年遞增，至 1930 年達到高峰十八萬五千

---

52 王兆澄，〈農業化學之使命〉，《中華農學會報》，期 146/147（1936 年 4 月），頁 1-2。王兆澄（1896-?），安徽省天長人，1926 年東京帝國大學農藝化學科畢業，曾任上海中華工業研究所研究員、南通學校農科教授、中央大學農業化學系教授等職。見《日本留學支那要人錄》，頁 10。

53 《中華農業化學會演講錄》（北平：中華農業化學會，1932），頁 104-106、120-121、127-128。

噸，至 1932 年雖稍有下降，但仍有十四萬噸的規模。[54]
隨著市場擴大，政府及民間業者注意到農業化學相關應
用的市場前景，故而反映在農業化學系的課程設計中。

　　具體的課程安排，根據北京農業大學的課程內容，
四年之間除了基本化學通論，以及有機化學外，還包括
土壤分析、食品分析、飲料分析、釀造、製糖、罐頭、
病蟲害藥劑學、肥料製造等課程。1920 年代該系講授
農藥、肥料等農化應用課程的是系主任劉拓，為美國俄
亥俄州大學農業化學博士；另外有教授趙學海是美國威
斯康辛大學化學碩士、講師楊塏是美國密西根大學化學
碩士，以及教授虞宏正畢業於北京大學化學系。有趣的
是，講授釀造與罐頭製造的講師邢大安，畢業自日本大
阪高工，是北京丙寅罐頭廠的負責人。[55] 就師資結構來
看，晚清自日本引進「東學」、仿效日本設立農業高等
教育，以及在各地實務學堂聘請日籍農業教師的現象，
至 1920 年代已轉變成美國大學畢業的教師為主力，顯
示比起清末仍要借助日本轉譯知識的情況，已變成直接
從美國這個現代農業中心引進知識，顯示了不同的知識
樣貌。再由北京大學農學院實際的研究內容來看，他們
最關心的還是食品加工方面的化學應用，這也意味著農
業化學知識的「實用」價值。

54　原頌周，〈中國化學肥料問題〉，《農報》，卷 4 期 2（1937 年
　　1 月），頁 10-18。

55　〈國立北平大學農學院農業化學系一覽〉，《中華農學會報》，
　　期 85（1931 年 2 月），頁 19。

表 1-3　1931 年北京大學農業化學系課表

科目名稱	每週時數		教師	備考
	每週講授時數	每週實習時數		
化學通論	2	3	虞宏正	高中必修
化學通論	3	-	虞宏正	預二必修
農業化學通論	2	3	趙學海	各系一年必修
有機化學	3	3	汪泰基	化一必修
定性分析	1	6	楊　塤	化一必修
定量分析	1	3	虞宏正	化二必修
理論化學	4	-	趙學海	化二必修
林產製造	2	3	趙學海	二三年級選修
土壤肥料分析	-	3	虞宏正	化三必修
植物化學	2		趙學海	三四年級選修
釀造	2	3	邢大安	化三必修
釀造實習		3	邢大安	化四必修
罐頭	-	3	邢大安	三四年級選修
動物營養	2	3	陳宰均	三四年級選修
食品分析	1	3	吳竹修	化四必修
病蟲害藥劑	2	2	劉　拓	化四必修
肥料製造	2	-	劉　拓	化四選修
農業化學研究	1	3-9	劉　拓	化四必修

資料來源：〈國立北平大學農學院農業化學系一覽〉，《中華農學會報》，期 85（1931 年 2 月），頁 17-18。

　　從表 1-3 北京大學農業化學系的科目表來看，其課程大概可分為兩類，分別是基礎知識課程及應用課程。基礎知識課程包括化學分析、化學通論等，均為必修課，大約在大一、大二階段完成；應用課程包括土壤肥料、釀造、食品加工等各類，有選修也有必修課，但多半在高年級階段才開設，這種課程設計十分符合現代科學教育的型態。此外值得注意的是，該系課程十分重視實習，甚至在應用課程方面，也因此實驗室、實驗農場等，在農業化學教育中十分重要。

圖 1-4　1936 年北京大學農學院的生物化學實驗室

資料來源：〈本院農業化學系內部情形之一〉，《農學》，卷 2 期 1
　　　　（1936），頁 8。

　　相似的課程安排也可以從以中山大學農林化學系
中看到，1933 年該系包含專科生、本科生共約二百餘
人。必修課目有化學的定量分析、定性分析、有機化
學、無機化學及土壤實習等，選修科目有土壤細菌、土
壤物理、發酵化學、農品分析及農產製造等課程，科目
設計與北京大學相似。實際上參與實習的學生，以必修
課居多，包含定量分析、土壤實習等都有近五十名學生
參加，選修課則大致參與實習的學生都在十人以下。[56]

　　中央大學也在農業應用方面十分重視，如 1928 年
農藝系農藝化學組致力於肥料研究，先在實驗室內試驗
二十種肥料，又在實驗農場測試各種肥料組合近五百區

---

[56] 彭家元，〈農林化學系報告〉，《國立中山大學農學院二十一年
　　年報》（廣州：中山大學，1933），頁 63-65。

配合栽培、在南京大勝關實驗農場實施玉米、豌豆、棉
花、小麥等輪作肥料的試驗。[57] 值得一提的是，農產加
工的相關研究乃為此時農業化學系重要業務。根據中央
大學農學院參加江蘇省特產展覽會的報導，農業化學科
中共有調味部、釀造部、香料部及藥用部參展。調味部
研究各種製造醬油的方法及製成；釀造部生產高粱酒、
紹興酒等；香料部則分析天然香料粹取、人工香料製造
技術；至於藥用部，則主要研究各種化學製品對不同種
類昆蟲的殺傷效果。[58] 這些工作顯示，農業化學技術在
農產加工上發揮關鍵作用，此類輕工業又是 20 世紀初
期中國工業化發展的主力，因此農業化學的重要意義不
言而喻了。

　　另一處農業化學教育重鎮金大，則是在大一及大二
基礎課程中安排定性分析的課程，農藝系必須修習土壤
學、肥料學，強調土壤成分分析及施肥方法、養分鑑定
等；植物系則需學習植物病蟲害防除課程，特別是化學
藥劑使用等內容。[59] 相較於北大及中山大學的課程，金
大在教學與研究方面更重視實際的農業應用，而較少涉
及農產加工的部份。

　　從農業高等教育系所教學研究的比較可以發現，綜
合北京大學、中山大學、中央大學及金陵大學的課程，

57　〈農藝化學組消息〉，《國立中央大學農學院旬刊》，期 1（1928
　　年 9 月），頁 8。

58　〈本院參加江蘇特產展覽會陳列品簡略說明〉，《國立中央大學
　　農學院旬刊》，期 73（1931），頁 4-8。

59　《金陵大學農學院概況》，頁 57-64。

在課程名稱及設計上，與日本農業化學教育頗有類似之處，許多科目名稱甚至頗為一致，這當然與清末新學大量借助和製漢語有關，使得許多化學辭彙直接借自日本，[60] 同時也能看到日本在近代中國新式農業知識引進的作用。另外課程安排也十分重視實習課，但不同的是中國課程更多聚焦於實際的生產應用上。這種側重肥料、農藥及農產加工的現象，也呼應了王兆澄所批評，近代中國農業化學課程過於偏重應用面的弊端。[61] 這種偏重應用層面的教學策略，或許與當時中國急於發展農業的國情有關。

得力於農業化學應用日廣，民國以後政府當局也謀求運用農藥與肥料增加農產。肥料生產主要是通過民間廠家進行，公營的硫酸錏廠遲至戰前才投產，國家的主導作用影響較為有限。相較之下，化學藥劑防範病蟲害的工作，則與高等教育有密切關係，充分顯示官、學界之間的合作。關於農藥事業推廣的具體作法案例，是江蘇省政府委託東南大學代辦的江蘇省昆蟲局工作。1922年起，江蘇省政府委託東南大學農科辦理昆蟲局，聘請美國加州大學昆蟲系教授吳偉士（C. W. Woodworth）來華主持，吳氏也成為中國病蟲害研究的重要先驅。[62] 江蘇省昆蟲局最初經費為二萬元，由蘇省政府與銀行團分擔；1923年後改由江蘇省政府全額支付三萬元經費，

---

60 有關和製漢語對中國的影響，可參見陳力衛，《和製漢語の形成とその展開》（東京：汲古書院，2001），第五章。
61 王兆澄，〈農業化學之使命〉，頁 2。
62 "A Mosquito Campaign," *The North China Herald*, 1922.06.03, p. 17.

但隨後因政局阢隉，幾乎由東南大學獨自支付相關研究、行政費用，直到南京國民政府成立後才有所改善。[63]

江蘇省昆蟲局雖然看似行政機構，但實際的運作由東南大學負責，具有高度的研究、推廣性質。其組織分為蝗蟲股、稻蟲股、棉蟲股及標本股四部，蝗蟲股規模最大，在蘇南、蘇北各地設有捕蝗分所，負責監控與消滅蝗蟲；稻蟲股主要防治螟蟲，在蘇南各地鄉村推廣除螟知識，棉蟲股則主要對付南通等地的紅鈴蟲、金剛鑽蟲等。標本股蒐集有全國昆蟲共計三七八二種、二十餘萬份標本，並與國內農學院合作交換，及與國外研究機構交流。[64]

大體而言，從江蘇省昆蟲局的工作，可以看到民國以後，各地方政府對農業改良十分重視，以研究機構為主導，一方面引進國外知識，另方面也積極從事生物調查、化學試驗等，可說與 20 世紀初期中國科學知識發展的趨勢若合符節。值得注意的是，江蘇省並非唯一注意到農業轉型與化學知識的地方，浙江、廣東等地也陸續成立農業化學部門，推廣省內農業改良工作。[65] 所以至少到了 1920 年代，國內主要大學已有不少農業化學系成立，這些科系在教學設計上，大體都分為基礎化學以及加工應用兩類課程。此時大專院校的農業化學系十

63　《國立東南大學農科概況》（南京：東南大學，1926），頁 36。

64　《國立東南大學農科概況》，頁 37-39。

65　〈浙政府積極建設〉，《申報》，1927 年 8 月 12 日，版 10；〈農林局增設農業化學股協助各股進行〉，《農聲》，期 136（1930 年 9 月），頁 66。

分注意農業化學應用的研究，均設有實驗室參與農產加工、農藥及肥料利用。不只江蘇省昆蟲局與東南大學合作，浙江省也成立昆蟲局，先後延聘了張巨伯、吳福楨等當時重要的農業化學專家擔任局長，[66] 這也是現代化事業中高等教育與行政推廣結合的典型。

農業化學做為現代部門參與農業生產的線索，並不僅是給農民帶來生產工序上的變革，同時帶來的是新式知識、產銷配售關係、生產組織以及政府角色等種種改變，皆使得現代部門得以更深刻地影響農村。過去一般認為農業在鄉村、工業在都市，但通過前述農業化學的影響，新式知識勢必進入鄉間，農村的需求也影響當局政策及業者生產方針，所以在此觀點下，或許可以全面地觀察現代化之際，農工業乃至社會經濟變革的種種課題。

小結

19世紀末西學傳入後，新式農業科學也隨即受到重視。此時正值歐洲農業化學蓬勃發展，歐美農業化學

---

66 張巨伯（1892-1951），字歸農，廣東鶴山人，美國俄亥俄州立大學農學碩士，任教於嶺南大學、中山大學及金陵大學，並曾擔任江蘇省昆蟲局、浙江省昆蟲局長。吳福楨（1898-?），別號雨公，江蘇武進人，畢業於江蘇第一農校、南京高等師範學校農科；1927年取得美國伊利諾大學科學碩士。回國後先擔任江蘇省昆蟲局主任技師、金陵大學教授，中農所成立後擔任病蟲害系主任、江蘇省立教育學院農教育科主任，1936年兼任浙江大學農學院院長。見橋川時雄編，《中國文化界人物總鑑》（新京：滿洲行政學會，1940），頁143、399；徐有春編，《民國人物大辭典》（石家莊：河北人民出版社，2007，增訂版），頁641-642。

家也在遠東大展身手，將這些新知識帶到日本及中國。
晚清知識分子藉由日本或西方傳教士翻譯的相關書籍，
認識農業化學的重要性，於是積極鼓吹新式農業，將之
與化學發展緊密結合。此一過程一方面既繼承了明清以
降知識分子編纂農書、注重營生的傳統，特別是清末經
世致用之學興起，如《補農書》等著作又重新回到世人
眼中，引起官員重視農學。[67] 然而 19 世紀中葉的局勢
已有很大改變，傳統農學已不能滿足國家富強的需求，
因此譯介西學吸引知識分子投入。19 世紀下半魏源、
王韜、鄭觀應等人，均強調新農學的重要。1890 年代
上海農學會的設立，以及同時期眾多的農學團體，顯示
新式農業科學成為新潮流。有別於過去側重於美國新式
農業科學對中國的影響，[68] 從《農學報》等相關雜誌來
看，在新式農業科學、農業化學知識的引介方面，來自
「東學」的脈絡亦十分值得注意，這也是新式農業科學
在東亞轉譯、在地化的過程，從知識傳播的角度來觀
察，更能細緻的探究其間差異。

　　然而必須指出的是，儘管 19 世紀下半中國的新式
農業科學，是由知識分子鼓吹提倡，但政府的重視與支
持，仍是農業科學發展的重要契機。諸如湖北農務學
堂、江蘇農務學堂的設立，以及庚子後新政的大力推
廣，都是農業科學在中國發展的重要原因。庚子後新政

67　周敘琪，《明清家政書與家庭經濟論的新發展》，頁 136-137。
68　如沈志忠，〈近代美國農業科技的引進及其影響評述〉，《安徽
　　史學》，2003 年第 3 期，頁 78-80；傅瓊，〈美國與近代中國高
　　等農業教育〉，《中國農史》，2007 年第 1 期，頁 33-41 等。

開始，各省陸續建立農林學校，這些學校在民國以後發展成為新式農業科學教育的基地。在 20 世紀初期的新式農業學校中可以發現，多數農學教育設有農藝、畜牧、森林的科系，然而最能反映出 19 世紀以降西方農業變革的，卻是農業化學相關課程。這些課程或分散於不同系中，或單獨設立為獨立科系，但若從晚清以降的知識引介、生產銷售以及農業推廣等各層面加以考察，不難發現遲至 1920 年代，農業化學知識已受到社會各界重視，被視為是農業現代化的一環，從而使得政府與民間積極參與。

從北京大學、中央大學、金陵大學及中山大學農學院農業化學課程加以考察，注意到這些學校大抵於 1920 年代前後建立相關科系，講授的課程也可分為基礎化學知識，與進階化學應用兩方面。與此同時，政府當局及民間業者也紛紛意識到農業市場對化學品的渴求，其龐大商機吸引資本家投入。各大學斥資建置農業化學專業教學設備、引進多元師資教授食品加工、農產利用的知識，對以農業生產為主體的中國而言，此一方向無疑是最切合經濟體質的路線。

農業做為近代中國經濟的主要部門，在 20 世紀東亞諸國的經濟轉型中具有重要地位。此一階段現代部門對農業的影響，以及農業市場支持工商製造的作用，特別是農業化學產品，尤其是病蟲害防治的農藥、環境藥劑製品，如何從實驗室走上生產線，順利完成商業化的轉變，更是探討此課題的關鍵。

第二章　商品化生產與
　　　政策主導作用

　　從 20 世紀大專院校中農學院的教學內容觀察，會注意到化學知識為新式農業科學中不可或缺的基礎。現代化學的發展，源自於 16 世紀開始的歐洲科學革命，出現一系列對自然界各種物質的探索，逐漸於 18 世紀形成化學這門學科。19 世紀初德國科學家沃勒（Frie-drich Wöhler, 1800-1882）人工合成尿素，開啟有機化學（organic chemistry）這個潛力無窮的新興領域；相較之下以無機物為主的化學應用，則被稱為無機化學（inorganic chemistry）。[1] 根據 1908 年顏惠慶所編的《英華大辭典》，有機化學意指動物性、植物性化學物質分析；無機化學意指動物植物以外其他自然物質的化學分析。[2] 自然界中，有機化學物質的數量遠多於無機化學物質，特別是研究植物生長的農業化學，更與有機化學發展密切相關。因此農業化學藥劑的開發，也是無機化學與有機化學此消彼長的過程。

　　農業化學的發展，得力於 19 世紀以降的化學突飛猛進。無論是無機物的基本元素運用到肥料、殺蟲藥

1　James R. Partington, *History of Chemistry*, Vol. 4 (London: Macmillan, 1964), pp. 320–331.

2　顏惠慶等編，《英華大辭典》（上海：上海商務印書館，1908），頁 353。

劑，或有機物的新作物探索、成分分析等，構成 19 世紀農業化學的基本架構。以本書所關心的農業化學在病蟲害防治藥劑而言，傳統農業使用的石灰殺除害蟲、改良土質等，即屬於無機化學的利用；再如菸草、馬醉木或鯨魚油等人造物施灑除蟲，則屬於有機物的應用，可說已具備一定認識，然而這些都未能算是真正的化學加工利用，距離真正新式農業的實驗室合成、工廠生產，乃至推廣產銷等體系，仍有不少要努力的地方。在此過程中，國家扮演的決策，通過政策干預引導市場的作用，更是討論焦點。

　　本章從農業化學藥劑商品化的過程，來觀察此一新式知識，如何轉化為商品，進入到實際的經濟生產中。在無機化學藥劑與有機化學藥劑中，前者往往與礦業、金屬加工業和化工業結合；而後者，往往與農業栽培、提煉加工有關。更重要的是，無論無機或有機化學藥劑，都與國家政策的扶植有關，因此本章在新式農業知識引進東亞的基礎上，進一步探討與農業生產有關的有機化學製造，將以魚藤與除蟲菊兩種有機化學藥劑的原料為線索，探討其知識引進、商品化過程，以及國家政策的作用，藉此進一步理解新式農業化學在 20 世紀上半葉的發展。[3] 儘管中國具備更龐大的農業規模，但在化學藥劑的商品化過程中，卻遠遠落後於日本，因此本

3　至於尼古丁類藥劑，因其主要萃取自菸草，相較於魚藤與除蟲菊兩種植物明確地做為化學加工原料，菸葉種植更多是為了投入捲菸業市場而生產，較難看出與農業化學產業之關聯，因此留待未來另以專文探討。

章相關案例以日本為主，兼論中國的利用情況。

一、藥用作物的發現

　　歐洲國家究竟何時開始使用現代化學藥劑防治蟲
害？傳統農業的加工物防治害蟲必然有悠久歷史，但通
過現代化學合成驅蟲藥劑，目前難以明確斷定真正開始
的時間，根據比較可靠的記載，1815 年石油乳劑已發
明，但直到 19 世紀末才廣泛使用；石灰硫磺合劑 1851
年法國首先做為殺菌劑使用，1880 年美國也用於驅
蟲。1883 年法國人發明波爾多液（硫酸銅），用來防
治葡萄樹上的黴菌；1892 年美國利用砒酸鉛防治害蟲，
該藥劑快速成長為重要殺蟲劑，可以說是世紀之交全球
農藥工業的基礎。1914 年砒酸鈣也被用在農業上，其
技術不高、價格低廉，很快的在經濟發展較為落後的地
區如中國或日本廣泛使用。[4]

　　20 世紀以前，目前尚未發現中國在農業上使用新
式化學藥劑的紀錄。明治日本的農商務省於 1899 年推
廣波爾多液用在果樹栽培上，這也是東亞最早可查到，
在農業上使用現代無機化學合成藥劑的紀錄。另外也有
日本業者於 1907 年引進石灰硫磺合劑（酸曹液）在市
場販售；到了 1920 年日本的工廠已可自行生產砒酸鉛，
甚至在 1935 年向蘇門答臘、巴西等輸出達一千噸，這

4　田中彰一，《実用農薬要論》（東京：養賢堂，1948），頁 3。

是砷酸鉛生產的黃金時期。[5] 所以在無機化學藥劑的製造上，至遲到 1920 年代，日本產業已具有相當規模。

　　與此同時，自然界具有驅蟲功效的植物，向來即已受到重視，更被認為是比無機化學藥劑更溫和、減少對植物傷害的化合物。在有機化學製劑中，尼古丁劑歷史甚早，1763 年日本就有菸草粉使用的紀錄，但真正做為化學農藥的硫酸尼古丁劑，是 1909 年美國首先推出，橫濱植木於 1910 年起引進日本，此後使用量年年增加，年消費量在二十萬磅以上。魚藤製劑是 1848 年馬來地方發現其農藥功能，1920 年首次輸入日本，1922 年起開始生產藥劑。[6] 除蟲菊是最安全的農業藥劑，同時也是衛生、保健方面的主要藥品。日本自 1886 年在北海道從美國引進除蟲菊種栽培，1891 年上山英一郎發明除蟲菊液並創辦大日本除蟲菊株式會社，其後上山彥松製造出除蟲菊蚊香，擴大除蟲菊的利用範圍。1901 年岡山縣的果樹栽培業者小山益太郎發明除蟲菊乳液，除蟲菊的利用於是逐漸風行。[7] 昭和初期除蟲菊藥劑生產量達到三百萬貫以上，是主要的輸出品。[8]

　　從上述資料來看，20 世紀初期，以日本為首的東亞地區，已有相當可觀的有機化學加工產業，大量生產新式農業病蟲藥劑，改變東亞農業的生產樣貌。這些產業，建立在農藥作物的認識與栽培上。顧雅文曾以金雞

5　《二十五年史》（東京：東亞農藥，1967），頁 7-8。
6　田中彰一，《実用農藥要論》，頁 4。
7　《社史日本農藥株式會社》（東京：日本農藥，1960），頁 14-15。
8　《二十五年史》，頁 9-11。

納樹為個案，以此探討臺灣製藥業與瘧疾防治之關係。
她特別指出，金雞納樹栽種之初面積有限，直到 1930
年代在進口防遏的原則下迅速增加，顯示殖民政府強而
有力主導這種藥用作物的引進與推廣。[9] 同樣做為化
學藥用作物，魚藤也在不同的研究著作中被提及，例
如呂紹理指出臺灣在 1930 年代前後對魚藤製劑已有認
識，在日本的農藥生產中，此類藥劑也有相當地位。[10]
林玉茹針對臺灣拓植株式會社的研究，也注意到殖民政
府在花東縱谷推行的魚藤栽培工作，並將之做為進口替
代的重要作物。[11] 但相較之下，與魚藤同屬於藥用作
物，且在日常衛生中使用更為廣泛的除蟲菊，目前討論
仍屬少數。

　　有別於無機化學農藥是單純的化學合成物，有機化
學農藥的除蟲菊、尼古丁及魚藤，都是自古已為人所知
的農作物。如日本的傳統農藥大致有利用除蟲菊粉混合
肥皂、石油乳劑等驅除蚜蟲、螟蛉、蛄螻等昆蟲，以及
與木灰、石灰等混合驅除葉菜類昆蟲；此外也有驅蟲菸
草粉，用於蘭花類作物中，各地方農家另有馬醉木、木
藜蘆等傳統的驅蟲植物，但是皆難以普及。[12] 這些以

9　顧雅文，〈日治時期臺灣的金雞納樹栽培與奎寧製藥〉，《臺灣
　　史研究》，卷 18 期 3（2011 年 9 月），頁 47-91。

10　呂紹理，〈從螟蛉到螟害——進代臺灣的農業蟲害及其防治〉，
　　頁 133-188。

11　林玉茹，〈國家與企業同構下的殖民地邊區開發：戰時「臺拓」
　　在東臺灣的農林栽培業〉，《臺灣史研究》，卷 10 期 1（2003
　　年 6 月），頁 94-95。

12　小島銀吉，〈驅蟲劑デリスエリブチカに就て〉，《文化農報》，
　　期 4（1921 年 12 月），頁 19。

植物為原料的藥劑，其品種調查、繁殖栽培、萃取技術
等如何進入工業化生產，均自 19 世紀末、20 世紀初經
歷現代學科的洗禮。

　　做為 20 世紀初期備受重視的農藥作物，魚藤與近
代農業化學、農業現代化發展密不可分。以日本為例，
大約自 19 世紀末開始推廣使用農藥，對一般日本農
家而言，農藥支出是僅次於肥料的項目，[13] 但相較之
下，新式化學肥料施灑與傳統肥料的手續無異；真正帶
來農村變革者，是化學農藥的引進，其施灑需經多道手
續，不同藥劑之配合必須具備相當智識，且經常需要特
殊設備，因此可以說是農業現代化的指標。在此脈絡
下，魚藤的認識、移植與利用經驗，不僅是單純的新物
種調查而已，通過魚藤的個案，可以發現科學研究與產
業結合、市場競爭、殖民地栽培事業等等課題，對近
代農業化學乃至工業部門與農業部門的結合，都有重要
意義。

　　至於另一重要農藥原料除蟲菊，比魚藤更早完成
工業化生產，也深刻影響 20 世紀上半的有機化學加工
業。除蟲菊（學名：*Chrysanthemum cinerariifolium*，俗名：
Pyrethrum）是一種原產於地中海東岸、黑海及波斯
地區的菊科植物，分為紅花種（Persian chrysanthemum）
與白花種（Dalmatian chrysanthemum）。紅花種原產
於波斯，中世紀起已被應用於防蟲；白花種是 19 世紀

13　岡崎慶郎、矢後正俊，《最新農用藥劑》（東京：修教社，
　　1937），頁 21。

歐洲人從中亞帶回，發現到這種植物在消滅害蟲上的作用，於是在奧匈帝國境內的達爾馬提亞地區試種，並於 1860 年左右外銷到美國。[14] 如前所述，19 世紀中葉起，歐洲農業化學突飛猛進，對於農業上的藥劑使用也頗為重視，此時除蟲菊的殺蟲功能自然也受到矚目，成為當時重要農藥作物之一。值得注意的是，除蟲菊的原產地巴爾幹半島上的達爾馬提亞地區，1909 年種植面積達二千公頃，年可產一千噸乾燥除蟲菊。但由於 1914 年奧匈帝國捲入第一次世界大戰的緣故，導致除蟲菊出口中斷，雖然 1918 年恢復除蟲菊栽培，但產量已不如一戰以前。與此相對的，日本在 19 世紀末引進除蟲菊後栽培大有成效，一戰及戰間期產量逐漸提高，至 1934 年成為世界最大的除蟲菊出口國，[15] 戰前美國高達 95% 的乾燥除蟲菊係自日本進口，[16] 由此可見日本在引進此項新作物後，於栽培利用上頗有獨到之處。

　　1885 年駒場農學校自美國輸入種子試行栽培，同年上山英一郎，開始在自家的柑橘園嘗試種植除蟲菊，並創辦了大日本除蟲菊株式會社，於 1891 年推出除蟲菊液。至 1897 年北海道帝國大學教授松村松年出版《害蟲驅除全書》，正式將除蟲菊列為農業藥劑之一。[17] 但

14　"History of pyrethrum," *Bioaromatica* (https://web.archive.org/web/20100324061424/http://www.aromatica.hr/eng/page.asp?id=buhac&sub=buhac3). Retrieved 2022/10/05.

15　〈日本除蟲菊之銷路〉，《農商公報》，卷 6 期 9（1920），頁 175-176；"History of pyrethrum," *Bioaromatica*.

16　〈中央農業實驗所欲自日本得除蟲菊種子〉，中央研究院近代史研究所檔案館藏《農林部檔案》，檔號 20-21-068-02。

17　《社史日本農藥株式會社》（東京：日本農藥，1960），頁 10-12。

日本除蟲菊的利用，是跟隨在歐美農業化學利用的腳步之後，直接引進相對成熟的技術。然而本章所討論的魚藤，其特殊之處在於該項後起之秀的農藥作物，研究利用方面日本與歐美學界大約同步，這一點可以從其品種調查及化學分析的歷程中發現。

魚藤（Derris）又稱為毒魚藤、雞血藤，是豆科魚藤屬植物，原產於東南亞、南太平洋島嶼。魚藤類植物的根部含有化學物質魚藤酮，因為古時人們以用來毒魚，故得此名。近代化學知識發展以後，西方科學家注意到這種植物的殺蟲效力，轉而用於農業方面，在 20 世紀初期，大量從馬來亞、蘇門答臘出口到歐洲、美國及日本。雖然魚藤在 1945 年以前做為農藥曾經大量流行，但隨著戰後 DDT 等有機化學農藥的快速發展，魚藤的使用大幅減少、一度消沉，直到 20 世紀末，才又在環保主義下重新受到注意。

魚藤運用到農藥的歷史，在 1930 年代已有許多專著討論。1934 年日本商人石貝邦作出版《農藥デリスの栽培法》，[18] 詳細介紹他研究與移植馬來種魚藤的經驗，石貝是 1910 年代前往新加坡經商時，與當時在新加坡經營雜貨店、後來成為首位引進魚藤藥劑至日本販售的城野昌三結識，二人曾就魚藤進口的事情多次討論。稍後城野因經商失敗而退出魚藤的經營，由石貝邦作繼續從事魚藤藥劑的生意，至 1930 年代後更積極參與魚藤在帝國圈內的移植事業。1944 年日本魚藤藥劑研究權

---

18 石貝邦作，《農藥デリスの栽培法》（東京：明文堂，1936）。

威武居三吉的學生，長期擔任京都帝國大學化學研究所
助手、參與魚藤應用研究的宮島式郎，受軍方及魚藤相
關業者委託，實地前往臺灣及東南亞調查後出版《デリ
ス》一書，可說是魚藤利用相關著作的重要里程碑。[19]
此外，1939 年任職於美國農業部的 Ruric Creegan Roark
也發表調查報告 *The History of the Use of Derris as An Insecticide*，
詳細說明魚藤在歐美農業利用的歷史。[20] 這些著作顯示
至 1930 年代左右，魚藤這種新興的農藥作物，已受到
美日兩國社會各界的重視。

　　魚藤（學名：*Derris trifoliata*）在英文文獻中被稱為
Tubaroot 或 Derris，馬來語稱為 Akra tuba，日文音譯
為デリス（derris）或トバ（tuba），漢字寫為魚藤、
寶策、苗栗藤及毒藤等。[21] 西方文獻中關於魚藤的利用
的討論，目前可見最早是 1747 年 G. E. Rumphius 首先
披露這種植物的毒魚效果；一百年後，T. Oxley 在 1848
年提出其農業利用的可能性。[22] 但針對魚藤品種及化
學分析最早的研究者，是德國化學家 Greshoff 以及英
國化學家 L. Wray 分別發現魚藤根的有毒成分，1899
年 van Sillevoldt 也分離出黃色結晶的化學成分，稱為
Anhydroderrid，自此開啟魚藤化學成分的測定工作，直

19　宮島式郎，《デリス》（東京：朝倉書店，1944）。

20　R. C. Roark, *The History of the Use of Derris as An Insecticide* (Washington, D.C: U. S. Dept. of Agriculture, 1939).

21　島根縣立農事試驗場，〈デリス根の研究と應用〉，《病蟲害雜誌》，卷 12 號 11（1925 年 11 月），頁 49。

22　宮島式郎，《デリス》，頁 1。

到 1930 年代初才大致底定。[23]

　　經過歐美科學家的調查，東南亞之馬來半島、麻六甲、婆羅洲等地所產的魚藤品種繁多，共五十餘種，其中十餘種具有毒性，適合做為藥劑使用。魚藤這種植物是纏繞性的灌木，樹型沒有特定形狀，共通點是莖幹呈紫黑色、有九至十三片奇數羽狀複葉、葉片呈橢圓形，背面有白色軟毛，花瓣有淡紅及白色。20 世紀初日本的植物學者將各類魚藤大致分為立トバ（直立型）、中トバ（中間型）及這トバ（伏地型）等三種，立トバ樹型較為直立，從莖幹前端長出長枝攀附其他樹種，毒性含量少。中トバ 葉形比立トバ 厚大，大約從地上直立二至三尺後攀附其他植物，種類繁多，毒性含量差異也頗大。這トバ的特點是緊貼著地面生長，毒性最強烈，是農藥生產最主要的品種。[24] 雖然魚藤在東南亞各地都有，但做為殺蟲劑原料，最佳品種產於馬來半島，這種植物原來是野生採集，後來發現農業上的價值，多半採小規模種植以做為自家農藥使用，嗣後由於過度採集的緣故，至 1920 年代野生魚藤數量已經不多。[25]

　　除了針對南洋地區魚藤品種的調查之外，日本取得臺灣之初，學界對於臺灣的熱帶植物調查也抱持高度研究興趣。當時已發現臺灣所產的有毒植物中，有一種

23　刈米達夫、渥美嶙次郎，〈デリス根成分の研究（第一報）〉，《衛生試驗所彙報》，號 19（1923 年 5 月），頁 147-148。

24　島根縣立農事試驗場，〈デリス根の研究と應用〉，頁 49-50；刈米達夫，〈有毒植物ノデリスト魚藤〉，《植物研究雜誌》，卷 3 號 8（1926 年 8 月），頁 183-188。

25　島根縣立農事試驗場，〈デリス根の研究と應用〉，頁 51。

纏繞性灌木，據載此類植物臺灣話稱為「ヒーテン」
（hi-i-ten）或「ローテン」（roh-ten）即魚藤、露藤或
櫨藤，很明顯的是閩南話發音；原住民則稱為「トバ」
（tuba）。[26] 臺灣原住民稱呼魚藤之發音與菲律賓及馬
來相同的原因並不清楚，最初日人認為可能是因為菲律
賓原住民將毒魚用各類植物皆通稱為 tuba 的緣故；[27]
晚進的研究則指出，臺灣做為南島語族的發源之一，在
辭彙上可能有許多共通之處。日本植物學家紀錄顯示，
這些臺灣原產的魚藤多半自然生長於臺灣西部，特別是
三角湧附近繁殖頗多，主要出現於陰濕山坡地，且經常
和竹類及其他藤蔓植物共生。[28] 日本理學博士早田文
藏在臺灣中部發現苗栗藤（ビョウリツフヂ），亦屬於
同類植物。[29]

　　原始的魚藤利用方式頗為簡陋，早期馬來亞居民將
魚藤根敲碎、或是埋入土中待其腐敗後，榨出汁液，用
於河川中捕魚、以及塗抹於箭頭上製作成毒箭。20 世
紀初期起，東南亞的華人開始將魚藤用在驅除蔬菜害蟲
上，大多在園圃的角落種植，小規模採集自家用，僅施
以物理性的磨碎或浸水萃取。隨著歐洲人注意到魚藤的
功效，開始將之用於生產殺蟲劑後，德國人最先在一戰

26　〈魚藤（有毒植物）の分析〉，《臺灣日日新報》，1901 年 9 月
　　3 日，版 1；長瀨誠，〈魚藤根研究の現況〉，《臺灣藥學會誌》，
　　期 43（1931 年 8 月），頁 57-58。

27　刈米達夫，〈有毒植物ノデリスト魚藤〉，頁 185。

28　〈魚藤の有毒成分〉，《臺灣日日新報》，1902 年 8 月 23 日，版 4。

29　刈米達夫、渥美嶮次郎，〈デリス根成分の研究（第一報）〉，
　　頁 147。

前祕密輸出魚藤回國生產，一戰後英國人繼續該項事業，將魚藤輸出至歐洲，並有小規模的製劑工廠。至1920年代中期左右，歐洲、美國與澳洲等地的魚藤藥劑已頗為盛行。[30] 也因此魚藤有毒成分的化學性狀測定與分析，在大規模生產中越來越重要。

雖然歐洲科學家於1890年代末已初步萃取出魚藤有毒物質結晶，但其化學式的確定仍經歷漫長過程，直到1930年代初才有定論，在此過程中，日本科學家的貢獻功不可沒。1901臺灣總督府專賣局檢定課技師、藥學博士永井一雄，針對臺灣採集的魚藤進行化學分析，得出類似古柯鹼（Cocaine）具有麻醉性的無色六角形板狀結晶，這種物質被永井命名為「ロテノーン」（Rotenon，魚藤酮），認為這種植物成分有醫學上的效用。[31] 永井在論文中展現出日本在殖民地接觸新奇的熱帶作物後，積極實施植物調查所具有的現代性，但細讀其發現，可以注意到這時候對魚藤的認識，主要是傳統上生物毒劑及其應用於醫療的可能，並未認識到在農業或病蟲害防治等方面的應用。

此後日本學者持續投入對魚藤的研究工作，1917年醫學博士石川武雄發現魚藤根萃取物 Tubotoxin，同樣是白色結晶狀有毒物質，並總結過去以來文獻中荳科植物中的毒魚成分，除了石川所發現的 Tubotoxin 外，

30　島根縣立農事試驗場，〈デリス根の研究と應用〉，頁50-51；小野寺二郎，〈デリス根に就て〉，《臺灣の山林》，期141（1938年1月），頁33。

31　永井一雄，〈魚籐有毒成分の研究　第一報〉，《東京化學會誌》，帙23（1902年7月），頁744-777。

還有 1901 年永井一雄發現的 Rotenon，以及 1899 年 van Silevoldt 發現的 Pachyhizid 和 1891 年 F. Pfaff 所發現的 Timboin 等四種不同時期、不同測量方法取得的化學物質。石川根據溶點及性狀來判斷，認為其中由他所發現的 Tubotoxin 與永井一雄發現的 Rotenon 大抵應該是相同物質，也是構成魚藤毒性的主要成分。[32] 1920 年代的文獻大多用 Tubotoxin 稱呼魚藤的有毒物質，但 1930 年代後即統一為 Rotenon。

今天所公認的魚藤酮（Rotenon）其化學式之確立，亦經過各國學者協力完成，首先是 1920 年代初京都帝國大學教授武居三吉投入研究，1928 年德國哥廷根大學的 Butenantd、1929 年美國農業部技師 La Forge 也不約而同地從事分析工作，至 1932 年武居、Butenantd、La Forge 三人分別確認了魚藤酮的化學構造，其化學式為 $C_{19}H_{18}O_5$。[33] 在 1930 年代經過化學分析、已確定含有魚藤酮成分的作物，以 *Derris elliptica*、*Derris uliginosa*（二者原產於馬來地區）兩個品種的魚藤酮含量最高，可達 7% 左右，最具經濟價值。此外如 *Millettia taiwaniana*（臺灣魚藤）以及 *Lonchocarpus nicou* 的根（原產於南美）等也都含有魚藤酮，只是在含量上不如馬來種高，因此其經濟價值稍遜。[34]

32　刈米達夫、渥美嶺次郎，〈デリス根成分の研究（第一報）〉，頁 147-150。
33　刈米達夫，〈魚藤及びデリス根にいて〉，《藥學會誌》，號 56（1932 年 10 月），頁 1-6。
34　刈米達夫，〈魚藤及びデリス根にいて〉，頁 1-6；刈米達夫，〈有毒植物ノデリスト魚藤〉，頁 185。

　　與魚藤化學式分析同時進行的，還有魚藤酮實用性
的分析，特別是在農業、醫療衛生與環境用藥方面的進
展。1919 年美國科學家 N. E. Mcindoo、A. F. Sivers 與
W. S. Abbott 等人將魚藤萃取物用於驅除害蟲的實驗，
發現做為接觸劑或毒劑的效果，遠大於薰蒸劑，同時
確認變性酒精為最佳的毒素萃取溶劑。1922 年 Wells、
Bisbopp、Lhike 等人發現魚藤藥劑可以有效去除家禽家
畜的皮膚寄生蟲，1924 年 Deong、White 等人也有同樣
發現。1924 年日本科學家村田壽太郎試驗魚藤粉對各
種昆蟲的效果，翌年服務於地方農事試驗所的野津六兵
衛、園山功兩人也發表農業應用的試驗。此外日本研究
也注意到魚藤的毒性，臺灣衛生試驗所技師鳥羽重次郎
及公醫松山五七郎發表魚藤中毒的報告，另外藥學博士
前田安之助發表利用魚藤酮治療皮膚病的研究。[35] 這
些研究反映 1920 年代，歐美日科學家積極探索魚藤這
種新作物的應用可能。

　　相較於日本學界對於魚藤品種調查、化學分析的熱
情參與，中國學界卻未能參與其間。據金陵大學農學院
教授鄭乃濤所言，「余長於粵，童時輒見漁人入山採取
樹根，搗其汁以捕魚，詢之，則名魚藤，捕魚之妙品
也。用汁液少許能使滿塘游魚受毒而斃」。[36] 顯然，

35　武居三吉，〈デリス根の有效成分の研究（第一報）〉，《理化
　　學研究所彙報》，輯 2 號 4（1923 年 11 月）頁，485-496；理化
　　學研究所，〈デリス劑ネオトン（一）〉，《病蟲害雜誌》，卷
　　13 號 10（1926 年 10 月），頁 49-54。
36　鄭乃濤，〈魚藤及其經濟價值〉，《中華農學會報》，期 133（1935
　　年 2 月），頁 137。

原生於廣東與臺灣的魚藤，早為本地居民所認識。鄭乃濤也特別指出魚藤在農藥上有大功用，日本及美國學界都積極研究，但中國學界則未能參與到此一新事物的探索中，十分可惜。直到 1930 年代初期，陸續有農業學者陳金璧、陳同素等人，發表有關雷公藤、毒魚藤等植物藥用的初步研究，試圖進行化學分析，並指出一些應用的方向。但這些中國學者的研究無一例外都一致指出，當時國內對此類作物的研究尚在起步階段，更遑論大規模應用。[37] 中國農業學者面對魚藤藥劑落後日本學者甚多，這是很值得注意的課題。因為近代中國的農業化學知識，有不少承襲自日本，如畢業於日本東京大學農藝化學科的馮子章，在學期間必然接觸到魚藤的化學分析，以及相關應用，回國後他任教於中山大學，正是中國魚藤種植最適合的環境之一，但也並未看到提倡魚藤的相關文獻。為何在知識上留下了這個空白？這是十分耐人尋味的問題。

二、日本魚藤藥劑的商業發展

與品種調查及化學分析同時進展的，是魚藤藥劑的商業利用發展突飛猛進。日本魚藤藥劑引進先驅者城野昌三，原先在新加坡經營雜貨店，旅居星島時偶然注意到當地華人菜圃不受蟲害影響，因此成為當地主要蔬菜的

37　鄭乃濤，〈魚藤及其經濟價值〉，頁 136；陳金璧，〈土產殺蟲藥劑毒魚藤之研究〉，《科學》，卷 19 期 9（1935 年 9 月），頁 1405-1430。

供應者，從而發現華人會在菜園內噴灑魚藤水驅蟲的現象。城野於 1909 年前後開啟其魚藤事業，先於馬來半島開闢種植園專門種植魚藤，並在當地設立小型加工廠生產簡易的魚藤水。[38] 1910 年代開始，城野陸續提供材料給日本學界研究，隨後在桑名伊之吉、小島銀吉等學者撰文引介下逐漸獲得市場重視。當時擔任植物檢查所所長的桑名伊之吉前往南洋調查後，認為魚藤利用大有可為，於是城野的魚藤藥劑開始在日本各地販售。日本政府則在 1923 年 1 月由內務省公告，將魚藤藥劑編入劇毒物質中，販賣及使用時需要特別注意。[39]

1920 年代起日本對魚藤藥劑商業化利用的高速發展，雖然最早將魚藤利用到農業生產方面的是東南亞華人，但是中國方面僅據稱 1930 年左右，海南島文昌縣南洋鄉有兩名華僑翁招拔、黃文江自馬來半島引進魚藤栽培，除此之外尚未在其他文獻中發現大陸地區自東南亞移植魚藤的紀錄。[40] 中國學界對魚藤利用未能形成熱潮，當然與整體的農業化學市場有關，正由於日本日益擴大的農藥市場，使得城野等商人樂於引進該項作物；也因為此項新興藥劑受到歐美學界的重視，也吸引學者投入研究，二者相得益彰。相較之下，1920 年代的中國則苦於內戰，未能有大規模的研究、引進、栽培及加工事業，故而顯得沉寂許多。

---

38 小野寺二郎，〈デリス根に就て〉，頁 33。

39 島根縣立農事試驗場，〈デリス根の研究と應用〉，頁 50-51。

40 馮所豐，〈海南島毒魚藤的介紹〉，《大眾農業》，1952 年 6 月號，頁 35。

　　魚藤快速進入商品化的階段，與近代日本農藥事業的發達有關。1925 年 7 月日本農林省召開病蟲害預防會議，會議中農林省農務局長指出當前該局防除病蟲害損失的工作有九項：

一、制訂與頒行害蟲驅除預防法；

二、實施共同防除獎勵；

三、落實病菌害蟲報告制度；

四、加速殺菌驅蟲藥劑及防除設備的販售流通；

五、防除附著於種苗上的病菌害蟲；

六、利用イセリヤ瓢蟲來防治ベタリヤ瓢蟲；

七、管制輸移入植物；

八、研究氣象與病蟲害問題；

九、獎勵調查及研究工作。[41]

　　上述九項工作中，第四及第九項都直接關係到獎勵農藥產業的發展。

　　1910 年代至 1920 年代初期，硫酸尼古丁、デリス劑、砒酸鉛等當時世界上新推出的強效農藥傳入日本，有效解決病蟲災害損失，從而使農業化學藥劑的市場大大擴張。昭和時期以後，各種銅製劑、硫磺製劑、除蟲菊乳劑及魚藤藥劑等快速發達，使農藥利用走上普及。[42] 特別是魚藤的殺蟲效力頗佳，在日本各種文獻中被認為是與尼古丁製劑、砒酸鉛等並稱的高效殺蟲藥劑，1920 年代以後需求量年年增加。日本國內主要販

41　村田壽太郎，《農作物病蟲害防除要綱》（長野：長野縣農會，1928），頁 4-6。

42　田中彰一，《実用農藥要論》，頁 3-4。

售的魚藤藥劑商品，依照年代先後分別是「デリス石鹼」（東京デリス製藥株式會社推出）、「ジョアン」（福岡城安商會推出）、「ネオトン」（東京理化學研究所推出）以及「三鱗殺蟲劑」（大阪三鱗製藥部推出）。[43] 這些眾多的商品，意味著製造業者間彼此開發藥劑的競爭關係，以及消費者如何選擇商品的考慮，特別是後者又與魚藤藥劑的優勢，以及農業推廣體系有關。

那麼魚藤藥劑針對那些昆蟲最為有效呢？魚藤酮殺蟲的方式，是經由口器接觸後，麻痺昆蟲的中樞神經使之死亡，因此確實致死率較高。特別是針對食葉類的尺蠖、毒蛾幼蟲、蚜蟲，或是棉花金剛鑽蟲及蘿蔔甲蟲等，可以利用魚藤藥劑有效驅除，因此主要用在果菜及棉花生產方面。[44] 尤其是魚藤酮對於昆蟲及魚類等冷血動物而言是劇毒物質，但對於人畜等溫血動物而言毒性不強（但如大量接觸皮膚仍會產生毒害，靜脈注射亦能致死），因此在使用範圍上比除蟲菊等農藥更為廣泛。[45]

另外在經濟效益方面，二者的差異分別在於：除蟲菊有毒成分除蟲菊精（pyrethroid，ピレトリン）大約只有魚藤有毒成分魚藤酮毒性的十分之一，因此魚藤的殺蟲效果優於除蟲菊。再者，魚藤根的魚藤酮含量約在 1%-10% 之間，但除蟲菊花中的除蟲菊精大約只有

43　刈米達夫，〈有毒植物ノデリスト魚藤〉，頁 187。
44　島根縣立農事試驗場，〈デリス根の研究と應用〉，頁 50-51。
45　田中彰一，《實用農藥要論》，頁 106-107。

0.9％。所以整體算來，魚藤的生產成本，大約僅有除蟲菊的百分之一。更且除蟲菊的栽培環境要求甚高，不若魚藤栽培方式的粗放簡便。[46] 因此無論是從對作物及人畜的傷害、藥效、生產成本，或是原料取得與保存的便利等面向來看，魚藤藥劑都具有相當明顯地優勢，也吸引業者投入生產。

魚藤製劑種類繁多，但大體仍可分為兩類：其一是デリス粉，將乾燥魚藤根粉碎後製成，使用上先將魚藤粉浸泡水中，分解出白色乳狀液體後，加入黏著劑噴灑於農作物上。最初自東南亞引進的魚藤，汲以乾根形式磨碎泡水使用，但 1920 年代初期製藥業者經驗不足，產品品質不穩定，市場反應不佳。[47] 這種產業發展初期的經營挑戰，也可以從最早從事魚藤製劑生產、前面多次提及的新加坡日僑城野昌三的故事中發現。

1910 年代初，在馬來西亞經營胡麻園的日本人，首先嘗試在胡麻樹間種植魚藤，結果發現不僅不影響胡麻生長，還能防止雜草及土壤流失，收成之魚藤根更能出售給製藥業者，經濟價值頗高，因此種植面積快速增加。[48] 嗣後城野開始嘗試向日本輸入魚藤及簡易製劑；[49] 1920 年城野與日本商人大野義隆合作，擴大魚藤根輸入日本的規模。大野於是募資成立公司並與熟悉藥劑生產的里村三治配合，投入魚藤根輸入、農藥製造

46　石貝邦作，《農藥デリスの栽培法》，頁 26-28。
47　石貝邦作，《農藥デリスの栽培法》，頁 28。
48　島根縣立農事試驗場，〈デリス根の研究と應用〉，頁 51-52。
49　小島銀吉，〈驅蟲劑デリスエリブチカに就て〉，頁 20。

的工作。デリス製劑株式會社在 1921 年正式成立，資本額五十萬円，當時主要經營層有社長橋本信一郎、專務董事小島七郎、常務董事大野義隆、董事城野昌三、監事萱野長知，以及總經理野崎善雄。如同上一節所談到的，事實上 1920 年代初期，魚藤的化學分析仍方興未艾，藥劑的製法也十分粗糙，但由於該社的魚藤藥劑價格非常便宜，加上使用簡便，逐漸在各地普及。不過也由於品質不穩定，根據後來擔任デリス製劑社長的伊東武治郎回憶：「城野昌三經手的魚藤根品質極差，而且大量在橫濱稅關的倉庫內堆放一年，公開競售以求換取周轉金，又乏人問津。」[50] 由此可知在魚藤農藥引進初期，由於化學分析、檢測等各方面尚未成熟，經營仍面臨諸多挑戰。

直到 1920 年代中期以後，隨著魚藤製劑研究逐漸明朗，各類新藥劑的製造也不斷推陳出新，隨著競爭者日新月異，デリス會社的經營於是陷入困境。雖然社長伊東力圖振作，但是 1923 年關東大地震中，デリス會社的品川工廠嚴重受損，難以復原，於是放棄在東京的事業，1924 年回到神戶重起爐灶。此後由於獲得官僚學者桑名伊之吉、農商務省技師小島銀吉、島根縣農事試驗場技師野津六兵衛，以及長野縣農事試驗場技師村田壽太郎等人的介紹肯定，該社產品逐漸恢復市場。昭和初期由於市面上的各種大小品牌的デリス石鹼品質惡劣，デリス會社出品遂成為品質保證，步入繁榮期。

---

50 《社史日本農藥株式會社》，頁 108-109。

1928 年昭和天皇即位大典上，被指定提供新穀的滋賀縣悠紀田使用了該社的デリス石鹼，使デリス會社聲名大噪。[51]

　　除此之外，也有不少業者加入化學農藥或魚藤的生產行列。如成立於 1899 年的三共株式會社，最初是塩原又策自美國進口胃腸消化藥起家，由於出售藥品的利潤頗佳，1902 年塩原在東京市日本橋南茅場町開設三共商店藥品部的店舖、又在 1905 年在日本橋開設製藥工廠涉足製藥業，並在 1907 年正式成立三共合資會社，擴張資本額到五十萬円。1924 年三共事業進一步擴張，資本額達到一千二百萬円。當年度響應病蟲害防除及農業增產的政策，由大阪出張所所長高橋清提議，在京都大學農學部教授鈴木文助指導下，由大阪工廠技師農學博士河野通男擔任主任技師，著手研究新農藥。[52]

　　在 1920 年代中期左右，東京理化學研究所的ネオトン（Neoton）、靜岡伴野商店的デリコン、京都農藥研究所的カンコウ、三共的デリゲン等魚藤藥劑陸續推出，改良產品，終於獲得市場好評，銷售量快速提高，成為備受矚目的新興農藥，主要販售業者及產品可參見表 2-1。[53] 這段時期，日本農藥市場上的魚藤製劑品牌不勝枚舉，大體分為粉劑及乳劑兩類。當時頗為流行的

51　《社史日本農藥株式會社》，頁 111-114。

52　山科樵作，《三共五十餘年の概貌》（東京：三共，1952），頁 11；《三共六十年史》（東京：三共，1960），頁 1-3、11、21-22。

53　石貝邦作，《農藥デリスの栽培法》，頁 28-29。

カンコウ殺蟲劑、ゲラン殺蟲劑、ワシオ殺蟲劑、ヤビシ殺蟲劑、トバネ、デリコン、農光、粉狀デリス、デリ素、ローテン等都是粉劑；至於乳劑係將魚藤根所含的魚藤酮萃取後加工而成，呈現褐色、半透明液體。由於魚藤酮的性質不能單純用水萃取，因此乳劑的效果優於粉劑，且利於長期儲存不易變質，最具代表性的產品有ネオトン、ネオデリゲン等產品。[54]

表 2-1　1931 年日本市售魚藤藥劑處藥產品及業者

藥劑	販賣所	業者
マルサン殺蟲劑	神戶市兵庫上庄通 4-5	デリス製劑株式會社
ウエノトロン	東京市日本橋區本材木河岸	大日本興農株式會社
ジョアン液	大阪市南區順慶町通 4	村上作兵衛
デリス石鹼	大阪市南區備後町二丁目	日本農藥株式會社
ネオトン	東京市日本橋區市町三丁目	三共株式會社
液狀ネオトン	大阪市東區道修町 1-2	三共株式會社大阪出張所
サンリンデリス	東京市神田區表神保町	三鱗製藥社
デリトル	東京市小石川區原町 12	日本植物愛護會
ユリミミズ殺蟲粉末	神戶市兵庫上庄通 4-5	デリス製劑株式會社
百合印コロイド殺蟲劑	橫濱市中村町	橫濱植木株式會社
粉末デリス石鹼	神戶市兵庫上庄通 4-5	デリス製劑株式會社

資料來源：教育資料研究所編，《農藝病蟲害防除便覽》（東京：研友社，1931），頁 795-806。

　　如果要觀察魚藤藥劑在日本流行的形況，島根縣農事試驗場技師野津六兵衛《農用藥劑の話》，是一個極佳的案例，該書為地方農業推廣組織向社會大眾介紹農藥的典型，具有重要價值。[55] 從《農用藥劑の話》不同版本變化來考察，野津所提及幾項重要農藥的介紹

54　田中彰一，《実用農藥要論》，頁 108-109。
55　野津六兵衛，《農用藥劑の話》（島根：島根縣農會，1937）。

篇幅十分有趣，1928 年初版包括除蟲菊十九頁、尼古丁劑三十二頁、砒素劑二十頁、銅製劑二十九頁、魚藤劑四十二頁。但是到了 1937 年版，演變為除蟲菊十五頁、尼古丁劑二十六頁、砒素劑二十八頁、銅製劑五十五頁、魚藤劑八十八頁。可以發現書中對魚藤製劑的討論大幅增加，顯示該種藥劑十年間已成為日本最重要的農藥之一。

　　兩個版的比較中，也可以發現業者技術提升的努力，例如 1923 年東京理研推出ネオトン乳劑後已取得相當成功，至 1933 年又繼續推出コロイドネオトン劑，具有殺蟲效果良好、直接加水稀釋就能使用、長期保存仍維持品質、不具刺激性成分不傷害嫩芽及脆弱植物、製法簡便價格低廉，以及含有肥皂成分與砒酸鉛混用能附著於昆蟲上等優點。此外新的競爭對手也不斷出現，如 1930 年京都農藥研究所推出的カンコウ殺蟲劑，為細粉狀罐裝，被認為是市場上最優良的魚藤製劑之一。[56]

　　1920 年代日本的文獻也多次強調魚藤是一種新興藥劑，不過也因為種類繁多，容易造成消費者選擇上的困難，所以野津六兵衛對市售藥劑的介紹中，逐一詳細說明藥劑的性質、效果。而根據表 2-2 顯示，這些藥劑更替頗快，有不少推出不久就被市場淘汰、停止販售，但也有不少新藥劑加入，說明該市場競爭十分激烈、業者和產品更迭迅速。除了市售品的競爭外，魚藤藥劑亦

56　野津六兵衛，《農用藥劑の話》，頁 337-338、352。

可自家調製，作法是將魚藤乾根磨碎後，以酒精萃出魚
藤酮，再以水稀釋為乳劑使用，所以有業者直接出售魚
藤根（デリス根）。野津便頗為提倡直接購入乾根自製
魚藤藥劑的功效；不過野津特別指出自家生產的魚藤藥
劑不能於長久保存，因此只能在需要時調製，這也是頗
為不便的地方。[57] 另方面，工業化的魚藤製劑生產，
直到 1930 年代加工法已經標準化，經改良後的作法，
是將魚藤根磨粉萃取出魚藤酮後，與水及含強鹼的陶
土、赤土或硅藻土混合，加上魚油或鯨魚油等液體，此
外也會加入附著劑碳酸鎂、驅蟲輔助劑硫磺粉及樹脂粉
共同攪拌而成。這種藥劑具有運送保存便利、藥性穩定
的優點，逐漸打開日本市場。[58]

表 2-2　1928-1937 年日本市售魚藤藥劑價格一覽

品名	業者	形狀	價格	備考
ジョアン液	村上作兵衛	液體	1.24 円	販賣中止
デリス石鹼	デリス製藥株式會社	粉石鹼狀	1.7 円	
ネオトン	三共株式會社	糊狀、液狀、粉狀	2.3 円	
サンリンデリス	三鱗製藥社	粉狀	1.5 円	1927 年製品無效
デリトル	日本植物愛護會	液體	-	販賣中止
ユリミミズ殺蟲粉末	デリス會社	粉狀	-	販賣中止
液狀ネオトン	三共株式會社大阪出張所	液狀	1.3 円	5 合入
粉狀ネオトン	三共株式會社大阪出張所	-	試賣品	
百合印コロイド殺蟲劑	橫濱植木株式會社	-	2 円	1 斤入，1929 年開賣

57　野津六兵衛，《農用藥劑の話》，頁 98-100。

58　西田孝太郎，《農產物加工論》（東京：叢文閣，1937），頁 537。

品名	業者	形狀	價格	備考
カンコウ殺蟲劑	京都農藥研究所	-	3 円	1931 年開賣
デリゲン	三共株式會社	-		1931 年開賣
接觸殺蟲劑	第一工業株式會社	液體		販賣中止
ツバ根	安田商會	-		
ゲラン殺蟲劑	日本貿易商會	-		
デリス根	林商會	-		

資料來源：野津六兵衛，《農用藥劑の話》（島根：島根縣農會，1928、1937）。

　　農業化學藥劑產業的蓬勃發展，以及自由競爭下經歷的利潤降低、市場重整，魚藤的情況並非特例，類似情況也能從戰前日本使用最普遍的農藥砒酸鉛生產中發現。日本企業生產無機化學農藥的契機，可以從古河礦業的經驗觀察。古河礦業的足尾銅礦場，長期以來飽受熔爐排出的砒素煙害問題，1917 年裝設新的電力集塵設備後獲得解決。與此同時，新的集塵設備蒐集到大量亞砒酸，當時精製亞砒酸全部出口到美國，古河理化研究所技師塩見勉調查美國的亞砒酸用途，發現多數用在生產砒酸鈣、砒酸鉛等殺蟲劑以及鐵道沿線除草劑上；這些美國產的砒酸鉛、砒酸鈣又高價出售到日本。塩見於是提出利用自家副產品亞砒酸，自行生產農藥的主張，1919 年正式獲得古河理化研究所支持。當時日本缺乏藥劑製造方面的相關經驗，試製的農藥在殺死害蟲與避免傷害作物之間難以取得平衡，直到 1922 年古河理化研究所技師西田傳五郎自美歸國主持研究工作，才突破瓶頸推出日本國產的砒酸鉛產品。[59]

---

[59] 《社史日本農藥株式會社》，頁 31-33。

　　然而到了大正末年，因為農藥製造屬於設備要求不高、但收益頗佳的產業，因此新興業者不斷增加。產業發展之初，古河財閥的砒酸鉛產品遭遇內外市場激烈競爭，而技術上又有不少未解決的地方。根據後來擔任旭電化（古河的農藥生產部門）社長的磯部愉一郎回憶，當時日本國產砒酸鉛生產過剩、價格下滑，1927 年旭電化將農藥部門的窘境向古河合名報告時指出：「農業藥品的代表砒酸鉛，距今 5 年前首度推出時 1 磅 1.2 円，生產量也不多……現今由於同業者達到 15 家，競爭結果價格不斷下降，1 磅從 0.7-0.8 円下跌至目前僅有 0.5 円。」[60] 其競爭可以想見。

　　此時古河主要的商業對手，是 1926 年在大阪成立的藤井製藥株式會社以及以進口起家的橫濱植木株式會社。由於削價競爭的緣故，古河與藤井於 1928 年正式洽談合併，共同出資五十萬円成立日本農藥株式會社（日農），成為當時日本最大的農藥生產商。[61] 至於原本相當具有影響力的橫濱植木，在商品流通上無法與日農遍部全國的綿密銷售網路抗衡，經營轉居於劣勢，於是採取與全國購買組合聯合會（全購聯）合作的立場，雙方締約由全購聯負責流通。[62]

　　魚藤做為具有潛力的新興藥劑，自然也受到這些藥廠的重視，1929 年日農與デリス會社洽談代理，以二萬円取得デリス石鹼的海內外販售權，翌年デリス石鹼

60　《社史日本農藥株式會社》，頁 48-51。
61　《社史日本農藥株式會社》，頁 67-72。
62　《二十五年史》，頁 28-31。

消費量達到六一六〇〇斤、營業額一〇三七四五円，占
了日本農藥該年營業額的 31%，由此可見魚藤藥劑在
日本市場的重要性。取得販售權後，日農與デリス會社
關係日益密切，1932 年雙方議定合併，日農以十萬円
增資デリス會社，再以五股換日農一股的方式合併。原
デリス會社的工廠改稱日農神戶工廠，職員大部分繼續
受雇於日農。雙方合併後受惠於日農品牌形象的提升，
デリス石鹼的市場評價更加提高，1933 年洛杉磯農藥
展示會中獲得國外好評，由此進軍美國市場。同樣由
於看好ネオトン的市場價值，日農在 1932 年取得理研
ネオトン的販售權、1935 年取得生產授權，此後魚藤
農藥最重要的產品デリス石鹼及ネオトン都在日農的
掌握中。[63] 不過必須指出的是，雖然魚藤藥劑在日農的
營收中可達 30% 以上，但 20 世紀上半，日本國內最大
宗的農藥仍舊為硫酸銅、石灰硫磺合劑等，1934 年的
統計中硫酸銅佔農藥總銷費額的 19%、石灰硫磺華佔
14%、硫酸尼古丁為 10%、砒酸鉛有 9%，魚藤做為新
農藥，約佔總銷費額的 6%，稍高於除蟲菊劑。[64] 因此
無機化學農藥，依舊是戰前東亞乃至世界的主流農藥。

　　這些日本農藥廠在 1920 年代末期的合縱連橫，當
然一方面顯示這是充滿活力的市場，也意味著農藥產業
的競爭關係；市場中眾多產品難免功效不一，政府也加
強管理。戰前此趨勢尚不明朗，主要由市場決定；但戰

63　《社史日本農藥株式會社》，頁 118-123、154-155。
64　內田郁太、野口德三，《農用藥劑學》（東京：明文堂，
　　1937），頁 21。

爭爆發後，日本政府介入主導了農藥生產的整合。因為
魚藤製劑的種類繁多、品質不易保證，在戰時統制經濟
的原則下，當局統一粉劑及乳劑的產品標準，取消所有
市面上各型各類的商品名稱，直接定名為デリス粉劑與
デリス乳劑，並且採取均一定價。[65] 除此之外，日本
政府也進一步介入生產部門，1941 年日本實施農藥企
業整併，決定將砒酸鉛整併為三個企業、魚藤製劑整併
為四個、大豆展著劑二個、石灰硫磺合劑各府縣一個、
曹達六個、銅製劑三個、椰子油展著劑一個。[66]

　　統制經濟的農藥生產整合，可以用 1942 年成立的
東亞農藥株式會社來觀察。東亞農藥是足以與日農並
立的日本兩大農藥製造業者，管理層包括社長鈴木清
藏（橫濱植木社長）、專務董事尾上哲之助（農林省
技師）、常務董事尾形三郎（橫濱植木）、服部敏郎
（全購聯）、中山幸三郎（橫濱植木）、吉田正（全購
聯）、監事奧谷愛昶（全購聯）、大槻清太郎（橫濱植
木），可以清楚看到組成的成員，就是來自日農的競爭
對手全購聯及橫濱植木。東亞農藥的事業計畫指出將年
產砒酸鉛一百萬磅、砒酸鈣三百萬磅、魚藤粉劑一萬
五千萬噸、大豆展著劑九十萬磅、銅製劑三百萬磅、硫
酸尼古丁一萬磅、石灰硫磺合劑十五萬斗的規模，魚藤
粉劑占有相當地位。另外值得注意的是，東亞農藥統合
的各企業包括橫濱植木、石黑製藥所、ワシオ農藥營業

65　《整備されたる農業藥劑》（東京：大日本農會，1943），頁
　　12-16。

66　《二十五年史》，頁 16-18。

所、矢菱化學研究所、大島化學研究所，以及山本害蟲
驅除研究所。其中與魚藤藥劑生產相關的，包括屬於魚
藤製劑中心企業的ワシオ農藥營業所（合併靜岡伴野農
藥製造所、橫濱坂田商會、大阪新興工業株式會社、鹿
兒島化學工業株式會社），以及非屬中心企業的矢菱
及山本兩社，魚藤製劑設備產能高達日產九萬公斤。[67]
亦即在戰時以東亞農藥為代表的的企業統合中，魚藤藥
劑仍舊十分重要。

　　隨著 1920 年代日本農業化學事業推進，對農藥及
衛生藥劑的需求提高，除蟲菊、魚藤等藥用植物的消費
量也隨之增加，日本產學界注意到魚藤的利益，紛紛投
入試驗。相較於無機化學農藥砒酸鉛、砒酸鈣、波爾多
液等藥劑，或是除蟲菊製劑、尼古丁製劑等在歐美地區
早已風行、生產技術成熟的產品，魚藤藥劑的化學研究
直到 1930 年才確定，商業化生產在 1920 年代正處於摸
索階段，因此一方面顯示市場蓬勃發展，但另方面也反
映產品眾多且良莠不齊的現象，於是先經歷了企業整併
的階段，隨後在戰時進入政府統制。但無論如何，得利
於日本農業學者、地方農業試驗場等機構的提倡，1920
年代末起日本農藥市場掀起魚藤藥劑熱潮，促使業者大
量自海外採購魚藤原料；1930 年代以後國際政經局勢
的變化又引起商人和日本政府重視進口替代，因而在琉
球、臺灣展開魚藤移植栽培事業。

　　魚藤藥劑對日本農業現代化的作用，不僅是品種調

67　《二十五年史》，頁 34-42。

查、化學分析、加工產業，更擴展到工業原料的確保、移植乃至殖民地栽培事業等層面。借助魚藤這種藥用作物的歷史，更能觀察到現代農業當中至關重要的農業化學體系，如何在世紀之交的東亞國家中發展茁壯。然而相對於魚藤在日本蓬勃發展，在中國方面則要遲至1940年代以後才有開展，相關討論留待本書第四章詳述。另一方面，中國能觀察到類似個案的，則是除蟲菊化學加工產業的出現。

三、中國的除蟲菊化工產業

從19世紀末至20世紀初日本農藥的引進經驗來看，無疑地無機化學農藥仍然是主力產品，儘管植物藥劑歷史更為悠久，但缺乏現代栽培及加工工業，因此遲至1920年代左右才逐漸在農藥使用中占有一席之地。相較於日本在明治時期就有系統地引進歐美農業化學知識及農藥利用，中國在知識引進上明顯較晚，且通過日本為中介。1897年《農學報》中已向中國讀者介紹日本的除蟲菊栽培經驗，以此做為新式農業的表徵。[68]

1907年《農工商報》介紹除蟲菊事業時特別注意到，日本已利用除蟲菊粉驅除牛羊畜牧害蟲、稻田寄生蟲，甚至用在個人衛生上消滅頭蝨、癬疥等目的，「蓋除蟲菊有能殺百蟲之力，故日本名之為除蟲菊，誠農家

68　古城貞吉，〈東報選譯：論除蟲菊栽培法及效用〉，《農學報》，期9（1897），頁7-8；期10（1897），頁10；藤田豐八，〈東報：除蟲菊莖枝製驅蚊品〉，《農學報》，期87（1899），頁4。

商家不可少之要物也，但中國竟無人理會，豈以其利息薄耶。」[69] 因此到晚清中國對除蟲菊的認識，仍然仰賴日本的經驗，甚至除蟲菊之名亦為日文引進。由於日本除蟲菊藥劑使用成效頗佳，1909 年直隸農務局自日本購入白花除蟲菊種子推廣種植，據稱成效頗佳，可以說是中國引進除蟲菊之濫觴；[70] 1910 年前後，湖北也從日本引進，在農務局試驗場種植。[71] 1914 年《直隸實業雜誌》甚至記載了中國每年自日本進口大量的臭蟲藥，而此類藥劑的主要原料就是除蟲菊，因此宜應在國內大量種植，並譯介日本的除蟲菊栽培法供國內參考。[72]

在 1940 年代有機化學藥劑大行其道之前，菸草、魚藤與除蟲菊三項植物是最主要的藥用作物，農業化學家們通過定量分析，從中萃取除蟲的有機成分。為何植物藥劑如此受到重視呢？隨著歐美現代農業科學的發展，化學肥料、農藥在 20 世紀初期已逐漸受到重視，此一風潮也影響東亞，無論中國或日本都能發現政府與社會各界提倡利用這些化學品。戰前普遍使用的各種化學農藥，包括砒酸鹽、尼古丁劑、硫磺、青酸等，對人類及動物都具有相當毒性，因此尋找僅殺死昆蟲而不損害動植物及人類的藥劑，是當時世界各國科學家研究

69　〈除蟲菊之新發明〉，《農工商報》，期 14（1907），頁 11-12。

70　〈種除蟲菊之成績〉，《廣東勸業報》，期 62（1909），頁 44-45。

71　〈漢口農務會試種除蟲菊之成績〉，《廣東勸業報》，期 101（1910），頁 46。

72　忘笙，〈除蟲菊栽培法〉，《直隸實業雜誌》，卷 3 期 4（1914），頁 1-3。

的對象，魚藤也被認為是大有希望的農作物。[73] 1937
年日本農業學者岡崎慶郎、矢後正俊指出，理想的農藥
條件：

1. 人畜無害；
2. 價格低廉；
3. 容易取得；
4. 使用簡便；
5. 效力顯著。[74]

　　在這些條件下，魚藤與除蟲菊等有機化學藥劑具有
明顯優勢，可以與其他無機化學農藥競爭。

　　首先在人畜無害方面，由於化學藥劑為了追求殺滅
昆蟲，多半具有相當毒性，不僅可能傷害人畜，更可能
造成植物生長不佳，如此就失去施灑藥劑的意義。因此
對人畜及植物無害，是理想農藥首要條件（日本學者稱
為藥害問題）。魚藤及除蟲菊類的藥劑與無機化學農藥
最大差異之處，在於這些植物性萃取的有機化學藥劑，
對植物傷害較為輕微，因此在追求殺除害蟲並保全農作
物的目標上，使用較為昂貴的有機化學藥劑，成為許多
農家的選擇。有機化學藥劑中，比較魚藤藥劑與其他農
藥的功效，可以發現在效力上與除蟲菊、尼古丁劑及砒
素劑同樣有效，而魚藤藥劑不僅對人畜全無藥害，又可
以刺激植物生產，因此是絕佳的農藥。[75] 必須指出的

73　加藤勇太郎譯，〈デリスの栽培、毒成分、用途、化學分析及び
　　抽出〉，《拓務時報》，號 44（1934 年 11 月），頁 92-101。

74　岡崎慶郎、矢後正俊，《最新農用藥劑》，頁 6。

75　宮島式郎，《デリス》，頁 1-2、215。

是，藥害問題涉及到植物生理學的研究，在戰前該領域並未充分發展，1941 年出版的《農藝化學全書》中，談到魚藤藥劑對植物生長沒有損害，甚至進一步指出魚藤藥劑有提高作物生長的效果，但作者也承認如何造成這樣的結果，原因尚不明瞭。[76]

　　有機化學的第二個優勢，是化學藥劑使用上另一個在 20 世紀初期並未充分討論，但在今日變成焦點的問題，亦即化學物質在環境中殘留的影響。相關討論中，1940 年代日本農學博士、任職於農藥業者三共株式會社的河野通男，注意到過去農藥「藥害」相關研究未曾注意到的觀點，亦即農藥的使用會破壞土壤，長期使用下殘留的化學物質將造成土質惡化，這種藥劑以含銅劑最為嚴重，包括硫酸銅、碳酸銅等，都會影響土質造成產量下降，特別是在戰時銅更為稀缺資源，因此銅劑既難以生產又對環境造成較大危害，因此指出這類無機化學藥劑使用必然逐步減少。此外，河野也提出良好農藥也應該兼具價格低廉及容易購得的特點，並且施灑手續盡量簡便，河野特別推薦魚藤與除蟲菊這兩種新式農藥，認為這些新藥劑既符合上述能確保生產、加工簡便取得容易等條件外，更可避免對環境造成負面影響，主張大力推廣。[77]

　　前文談到了東亞社會的魚藤熱，接著就來討論除蟲

76　鈴木梅太郎編，《農藝化學全書》（東京：朝倉書店，1941），頁 272。

77　河野通男，《新農藥の使ひ方》（大阪：富民協會，1940），頁 5-9。

菊作為農業化學藥劑的發展歷程。除蟲菊為溫帶作物，因此適合種植中緯度地區排水良好的砂礫質土地，種植後約一年即可開始摘花（多半為秋栽夏收），花期為 5 月下旬至 6 月，可以重複摘採，第三年至第四年為產量高峰，每株開花約為三百朵左右。除蟲菊的生長時間約為六至七年，雖可通過插枝分株延長壽命，但開花量還是會逐年遞減。除蟲菊有毒成分為除蟲菊酯，主要存在花頭，因此收穫方式為摘取除蟲菊花朵曬乾，除掉乾燥花瓣即可。[78]

乾燥是除蟲菊採收後的首要工作，一般分為陽乾法、陰乾法及火力乾燥法。北海道栽種除蟲菊以陽乾法為主，亦即將花朵置於薄席放在太陽下曝曬，夜間及陰雨收回室內保持乾燥，中國自日本引進的除蟲菊栽培技術以此法為主。陽乾法的缺點在於花朵經陽光照射，其有效殺蟲成分除蟲菊酯也會被分解，造成驅蟲功效下降；此外採收後放置過久，也容易造成有效成分揮發，使得價值降低。因此陽乾法雖然是除蟲菊乾燥的主要形式，但對大規模栽培及加工而言容易造成原料品質的不穩定。陰乾法為前種方式的改良，即曝曬一日後就移入田間小屋中風乾，以避免因太陽照射而產生藥效減弱的問題；缺點是此法頗為耗費人力，需要大量工人經常上下翻動，但對陰乾法保留的除蟲菊酯效力較高。火力乾燥法為新式加工技術，需要特殊設備直接烘乾，多半與

---

78 謝先進，〈除蟲菊栽培及其利用〉，《廣益雜誌》，期 14（1920），頁 112-117。

磨製花粉同時進行，屬於大規模工業生產的程序，在20世紀初期中國使用不多。[79] 經歷過田間的加工程序後，乾燥花朵約僅存原重量之 25%，大致而言，每畝除蟲菊農園年收成約為七十五斤乾花。[80]

　　乾燥後的除蟲菊花，由業者收購後進入工廠加工程序。中國農家會將除蟲菊花頭磨碎取得之粉劑，可以直接撒佈在室內防止蚊蟲螞蟻，但這種施用方式容易浪費除蟲菊效力，想要做為市面上販售的商品，以及形成大規模栽培、穩定可靠的加工流程，還需要經過一段不短的摸索與嘗試。日本大概在1890年至1900年之間就引進除蟲菊加工產業；中國則到1920年代隨著除蟲菊種子引進與擴大種植，才逐漸出現加工應用的相關資料。此時除蟲菊藥劑主要利用的型態有兩大類，其一為加入溶解液形成水劑或乳劑噴灑，水液及乳劑主要應用在農間驅蟲、畜牧業殺除寄生蟲，以及家庭衛生上；其二則加工製成蚊香，可說是1920年代左右，大城市日常生活中的摩登商品。

　　製造水液或乳劑的關鍵，是取得除蟲菊藥劑的溶解液，透過特定介質解析出除蟲菊酯並保存殺蟲效力。中國化工廠主要使用煤油及肥皂水兩類，作為生產乳劑或水液的重要原料。煤油乳劑製作方式，是將除蟲菊花粉直接投入煤油中浸泡五至六天後，再加入水楊酸（柳樹

79　朱先煌，〈除蟲菊之栽培製造及用途〉，《實業雜誌》，期211（1935），頁32-36。

80　熊同龢，〈除蟲菊栽培法〉，《昆蟲與植病》，卷2期11（1934），頁207-210。

皮）搖晃沉澱，刮取上層溶液裝罐，即為除蟲菊乳劑。
當時中國市場上主要的除蟲菊產品是煤油乳劑製造，據
稱功效顯著，特別能防治蚊蠅等飛行昆蟲。肥皂水的加
工方式也頗為簡單，先將除蟲菊粉置於熱水中活化除蟲
菊酯，再將肥皂水與除蟲菊水混合攪拌放置三天，形成
糊狀乳劑即可應用。除蟲菊肥皂劑主要塗抹在人類皮
膚、動物皮毛上，達到防止蚊蟲叮咬及驅除跳蚤等寄生
蟲的作用，另外亦可加入大量清水及酒精稀釋為水劑，
噴灑於居家周圍或家禽身上。[81]

　　當然必須指出的是，1920 年代至 1930 年代中國的
報章雜誌中所強調的除蟲菊應用加工法，所著眼的是能
在家庭中自行製作的簡易手續，這也反映出當時中國除
蟲菊事業係以栽培為主，在市面上流通亦以粉劑原料最
為普遍，所以鼓勵都市居民及農家自行購入加工調製，
而非建立大型的化學工廠進行量產。這種現象與另一種
植物加工藥劑魚藤頗為相似，1920 年代日本農業化學
家對魚藤藥劑的介紹，除了逐一詳細說明市售藥劑的性
質、效果外，更強調農家可以直接購入乾根，以酒精加
工調製成魚藤藥劑施用，可以避免市售品價格較高、品
質不穩定的缺點。[82] 相較於無機化學藥劑多半由工廠
直接加工，菸草、魚藤及除蟲菊進入市場的經驗，顯然
頗有相似之處。

　　儘管除蟲菊具備了農業、畜牧業方面的用途，但都

81　趙武，〈除蟲菊栽培及其製品概說〉，《農業周報》，卷 2 期 41
　　（1933），頁 4-6。

82　野津六兵衛，《農用藥劑の話》，頁 98-100。

是前述的小規模加工型態為主。真正形成大型化學工業
者，是除蟲菊藥劑產品中的蚊香，這也是工業化最為顯
著的產品，其代表的加工與販售體系值得特別注意。蚊
香的原料為除蟲菊粉、木粉（柏樹或杉樹，其他樹種亦
可）以及榆樹粉三項，除蟲菊粉為蚊香主體，添加比重
越高驅蟲效果越明顯，但也是蚊香成本最高的部分；木
粉為燃燒劑，同時價格低廉可以降低成本，但添加過量
則使產品鬆碎；榆樹粉為除蟲菊和木粉之間的接著劑，
其添加比重決定蚊香香盤的堅固及點燃難易程度。大致
上三者比例為除蟲菊粉五成、木粉三成、榆樹粉二成，
另外適度添加水楊酸及硝石有助於防腐、防潮及增加燃
燒效率。

　　除蟲菊蚊香加工方式為加水調和後擠壓成型，待乾
燥後便可裝箱出售。有趣的是，上述原料皆為土黃色，
百餘年來市售蚊香為綠色，其商品樣貌已深植人心，但
綠色係當時業者為了追求美觀，而在加工過程中添加染
色劑所致，並非原料本身的顏色。[83] 雖然蚊香的製作方
式也頗為簡易，但相較於除蟲菊乳劑的調製，仍然多了
不少手續，加上蚊香產品價格並不高，與一般中國人所
習於購買的線香又高度同質性，因此蚊香成了除蟲菊加
工品中最為商業化的產品。

　　與 20 世紀初期東亞主要的植物有機化學藥劑比
較，除蟲菊與魚藤對昆蟲的殺傷作用方式有很大不同。

83　〈除蟲菊蚊烟香制造法〉，《工業旬刊》，期 8（1935），頁
　　114-115。

除蟲菊屬於見效快，但昆蟲可能一時暈眩並未徹底死亡；魚藤藥劑屬於見效慢，但能徹底殺滅昆蟲的藥劑。實際運用上，前者對於飛行性昆蟲效果頗佳，而後者對於匍匐性昆蟲效力較好。[84] 魚藤酮主要是經由昆蟲的口器進入蟲體，以麻痺中樞神經的方式殺死昆蟲，因此致死率較高。其作用對象，以啃食花葉、果實的蠕蟲、蚜蟲、甲蟲及蛾類幼蟲為主，多半用於蔬菜、花果等園藝農業上，棉花種植的使用也十分廣泛。[85] 除蟲菊酯的殺蟲方式是癱瘓昆蟲的神經，往往與其他有毒藥劑混合使用，借助除蟲菊的特性使昆蟲癱瘓進而被其他方式殺滅。除蟲菊酯在農林用途上最大的缺點，是容易被太陽光照射分解，因此效力往往不長，必須反覆施灑，自然也墊高成本。整體而言農業用途上魚藤藥劑的經濟價值較高，而除蟲菊則因毒性較弱、揮發較快，反而更適合用於家庭衛生。

無論魚藤、除蟲菊藥劑，隨著 1920 年代以後農業化學事業備受社會各界重視，資本家們也願意投資生產，於是逐漸形成殺蟲藥劑這個新興產業。在日本自 1900 年起就陸續成立各種農藥工廠，有系統從歐洲引進各類農藥產品，結合東京理化學研究所、京都大學等學術單位，以及政府的農事試驗場，形成強而有力的農業化學產業體系。中國高等教育中也普遍出現農業化學系，教授相關知識，至少至 1920 年代，農藥的分析與

84　西田孝太郎，《農產物加工論》，頁 534-537。

85　島根縣立農事試驗場，〈デリス根の研究と應用〉，頁 50-51。

利用，已成為大學固定課程。[86] 而在實業界方面，則有
中國化學工業社、復昌科學製造廠等企業出現，這些企
業也促成除蟲菊的商業化發展。

商業化發展的程度，是觀察新知識、新技術引進後
能否扎根的重要線索，特別是在社會接受過程中產生土
著化，是探討此一課題的重點。1910 年前後是中國除
蟲菊引進的開端，而後在報端媒體上能普遍看到相關介
紹，多半以提倡新知、新產業的立場發表。1920 年代
中期以降市面上除蟲菊產品逐漸普及，也開始吸引國內
商人投入栽培與商業生產。

中國除蟲菊的商業經營，以仙樂種植園的鷹牌蚊香
最早。位於浙江定海縣的仙樂種植園由地方仕紳朱啟
綏成立於 1911 年，創業之初種植花卉收入不穩定，經
營情況不佳，直到 1915 年受日本出口除蟲菊事業蒸蒸
日上的影響，轉而以除蟲菊為主要作物，開闢一千四百
餘畝山坡地做為種植場，經營日漸有起色。上海中英藥
房總經理陳鏡如聞訊赴浙洽商，雙方締定契約，該場除
蟲菊乾粉均由中英藥房收購。隨著產量日漸擴大，推銷
範圍也延伸到北京、漢口等處。1920 年代初期，朱啟
綏決定購入設備製造蚊香，以老鷹為商標，號稱鷹牌蚊
香，相關包裝原料仰賴滬埠的廠家，所以很快把工廠遷
移到上海專營生產，改稱仙樂製香廠，委託醫學士楊鎮
甫主持廠務，研究商品改良，至 1923 年左右仙樂產品

86 侯嘉星，〈近代中國農業高等教育與農業化學知識的發展〉，頁
235-256。

在中國已有相當市佔率。[87]

　　除了仙樂製香廠外，1917 年陳蝶仙在上海創辦的家庭工業社，生產牙粉及家庭清潔用品為主，1920 年代在鎮江設立蚊香工廠，稱為無敵牌蚊香，以蝴蝶為商標。[88] 1926 年上海中法大藥房斥資成立製藥廠，自行合成各種藥物，其中即包含雙獅牌殺蚊香，放在家庭衛生藥品大類中刊登廣告宣傳，可見該商品已頗受市場重視。[89] 從各家報紙的廣告欄來看，五洲大藥房推出地球牌蚊香號稱「驅蠅殺蚊，效力神速，臥室燃點，不傷腦筋」標榜簡便易用，[90] 民生化學工業社推出飛艇牌蚊香，[91] 蘇州華永豐蚊煙香廠出品的金雞牌蚊煙香，[92] 另外市面上還有雞冠牌、野豬牌、船牌等產品，種類頗為繁多。這些多樣的商品廣告，也反映出除蟲菊在此時的城市日常生活中，成為消費者感興趣的新鮮玩意兒。

　　在這些蚊香工廠中值得注意的是上海的中國化學工業社。1912 年浙江商人方液仙在上海創立中國化學工業社，工廠位於檳榔路 150 號，販售部則在河南路 257 號，另外為了生產這些化工清潔用品，方液仙還投資了永盛薄荷廠，生產薄荷精、薄荷腦等產品。[93] 1910 年

87　朱啟綏，〈述本園經營除蟲菊事業之概略〉，《工商新聞》，1923 年 6 月 18 日，版 11。
88　《中國國貨工廠史略》（上海：國貨事業出版社，1935），頁 117。
89　《中國國貨工廠史略》，頁 48。
90　《社會日報》，1931 年 6 月 13 日，版 2。
91　《社會日報》，1935 年 6 月 7 日，版 1。
92　《蘇州新報》，1941 年 4 月 28 日，版 2。
93　《現代實業家》（上海：上海商報社，1935），頁 105。

代起，中國化學工業社以三星牌牙粉與日本貨競爭，至
1930 年代涉足的產品有化粧品、調味品、蚊香、工業
原料及玻璃器皿等數百種，每年營業額約在二百五十萬
元左右，頗具規模。[94] 1917 年中國化學工業社在上海
西郊的吳松江旁開闢除蟲菊園圃，1929 年擴大到三百
畝，設有主任一人、管理員一人，及長工十二人，[95] 並
與當地村落合作，「附近居民幾皆種菊，故每屆收獲
之時，該處十餘萬公畝土地，皆一遍白色，頗為壯
觀。」[96] 為了推廣除蟲菊商品，上海市民在收穫季節可
以到河南路的中國化學工業社營業所登記，公司安排車
輛前往參觀，頗受時人歡迎。[97]

94　《中國國貨工廠史略》，頁 63。
95　〈經營除蟲菊試驗場之概略〉，《農林雜誌》，卷 1 期 1（1934），頁 14-18。
96　《大上海指南》（上海：中華書局，1936），頁 116。
97　章雨蒼，〈參觀中國化工社除蟲菊園記〉，《時代日報》，1933 年 6 月 7 日，版 1。

圖 2-1　中國化學工業社蚊香製造廠

資料來源：《健康家庭》，卷 1 期 2（1939 年 5 月），頁 41。

　　由於資本家的推波助瀾，1930 年代中國的除蟲菊
產品、除蟲菊栽培等已有相當規模。主要進行的方式是
由中國化學工業社、家庭工業社等企業前往鄉間提供
除蟲菊種子，再與農民約定收購。[98] 以中國化學工業社
為例，每年需要除蟲菊花乾粉一百噸，國內產量不足，
僅能仰賴進口。中國每年進口之除蟲菊乾花約需四百萬
元，耗費不可謂不大，因此到 1930 年代，各界提倡除
蟲菊種植的不減反增，1935 年江、浙等地除蟲菊種植
面積已超過三千畝。[99]

98　〈家庭工業社提倡播種除蟲菊〉，《新聞報》，1933 年 9 月 10 日，
　　版 19；〈除蟲菊：復昌科學製造廠決在東局子栽培〉，《新生活
　　周刊》，卷 1 期 16（1934），頁 17；〈中國化工社廉售除蟲菊子〉，
　　《上海商報》，1934 年 7 月 17 日，版 4。
99　周開慧，〈推廣栽培除蟲菊芻議〉，《新農村》，卷 1 期 6（1935），

　　但值得注意的是，這些除蟲菊種植與收購掌握在資本家手中。以中國化學工業社為例，收購規明訂購買之乾花僅限向該社購買種植種植之農戶，並對於乾花來源由疑義時可以片面暫停收購（圖 2-2）。如乾花有效成分未達 1% 或水分多於 8% 時，收購價格還須按比例核減。[100] 有別於其他經濟作物的市場相對開放自由，除蟲菊栽培的收購集中於少數化學業者，也使得部分論者批評，「這二三年來，除蟲菊農場的面積是在逐漸擴大，可是乾花的市價隨之也在逐年低下……因為國內製造蚊煙香的只有幾家，他們知道農民絕不會把除蟲菊煮而做食，所以即使價格再低，也非繳出不可的啊。」[101] 除蟲菊種植壟斷於少數資本家的情況，到了 1930 年代事業規模擴大後，顯得更為嚴重，這種現象也是新知識引進時值得注意的。

　　頁 52-56。

100 李孟麟，〈除蟲菊栽培及應用：農村副業栽培之一〉，《農行月刊》，卷 3 期 8（1936），頁 87-98。

101 三秋，〈除蟲菊的末路〉，《中國農村》，卷 2 期 7（1936），頁 7-8。

圖 2-2　上海化學工業設收告除蟲菊乾花的廣告

資料來源：《申報》，1928 年 6 月 8 日，版 12。

　　除蟲菊的引進與早期加工業發展都以民營事業為主體，在農業化學事業發展之初，政府當局對農業化學事業的干預程度不高，主要形式仍停留在第一章所討論到的，以少數高等院校如北京大學、中央大學等政府機構設立的植物病蟲害相關系所、研究部門為基地，這些機構大多同時肩負研究、教育及推廣等功能，並未真正投入生產新式化學藥劑。雖然在部分區域的農業生產中已零星使用，但並未設有專門製造工廠，這種情況直到1931 年中央農業實驗所後才有所改善。

　　整體來看，魚藤製劑與除蟲菊製劑可以說是日本農藥之代表，二者同屬被認為是對植物及人體無傷害的優良農藥。在日本市面上販售的常用農藥中，無機化學

農藥砒酸鉛是有效園藝殺蟲劑，但是對於植物幼芽有
害；除蟲菊劑在市面上販售頗多，一般與肥皂水共同施
用；尼古丁劑雖然十分有效，但具有高度毒性，使用時
需要特別注意。最方便的還是魚藤藥劑，一般藥房都可
以買到，對蔬菜害蟲特別有效，而且價格便宜、使用簡
便。[102] 魚藤製劑從デリス會社開始販售以來，數年間
各家商品不斷推出，一度達到數十種。除蟲菊製劑也不
遑多讓，主要者有北海道除蟲菊株式會社的ハルク、上
野製藥的ウエノトロン、美國輸入的エバーグリーン，
品質大同小異。然而除蟲菊藥劑有不耐長時間儲放、見
效快但昆蟲僅是假死並未被徹底殺死的缺點，相較之
下農家喜歡使用魚藤藥劑，不僅耐儲放，且能確實殺死
昆蟲。[103]

　　20 世紀初期，無論中國或日本，都同屬於農業化
學事業方興未艾的階段，魚藤或除蟲菊這類的具備高度
經濟價值的藥用作物，不僅吸引農民嘗試栽培，更成為
國家介入農業化學事業的重要方式。除蟲菊的栽培較為
簡易，日本或中國多半是由商人經營。但魚藤的栽培就
麻煩許多，從早期自東南亞進口，到 1930 年代日本在
臺灣與南洋的栽培，都顯示出國家力量主導農業化學事
業發展的軌跡。

---

102 中根榮，《隨筆空地開墾》（東京：柴山教育出版社，1941），
　　頁 246-247。

103 《社史日本農藥株式會社》，頁 164-165。

四、國策下的藥劑作物移植與栽培事業

　　三共株式會社的農業化學專家河野通男，曾指出魚藤與除蟲菊的優勢，在於能借助栽培穩定取得原料。[104]從除蟲菊的經驗來看，無論日本或中國，隨著農業化學產業的發展，都確實促成農家轉而栽種除蟲菊，形成大規模的栽培事業。但魚藤的情況則相當不同，由於魚藤品種移植、栽培投資等，遠高於適合生長於溫帶地區的除蟲菊，因此引進之初更仰賴國家力量的支持。除蟲菊品種引進與栽植，始於 1930 年代日本國內製藥業的興盛，由於魚藤製劑工廠增加，自東南亞進口魚藤的數量也不斷提高，從 1926 年的每年二萬公斤，提高到 1935 年的十二萬公斤左右，在世界魚藤消費市場中，日本可說扮演了重要角色。[105]在這種形勢下，日方自然想到在臺灣引進及種植魚藤，以減少進口依賴。這也是林玉茹及顧雅文所言，到了 1930 年代，日本開始有系統地執行進口防遏的國家政策。以下即就魚藤進口之規模及其危機、臺灣的移植事業等方面，說明近代東亞的魚藤移植經驗。

　　二戰前魚藤的主要栽培地區在馬來聯邦、海峽殖民地、婆羅洲、菲律賓島及荷屬東印度。東南亞各地的魚藤產量以馬來居首，佔逾九成以上，其次是東印度

---

104 河野通男，《新農藥の使ひ方》，頁 9-10。
105 《でりすに關する化學的試驗研究成績》，臺灣總督府農業試驗所報告第 73 號（臺北：臺灣總督府農事試驗所，1939），頁 4。

群島，至於菲律賓及北婆羅洲等地的生產比例不高。[106]
早期馬來半島種植魚藤的專業農場，多數為華僑所經
營。1920年代中葉婆羅洲的砂勞越、馬來半島及蘇門
答臘島上都出現許多魚藤種植園；1922年以後也有越
來越多日本人投入種植事業。但整體而言，婆羅洲產的
魚藤，品質低於馬來半島產的魚藤，前者一斤大約〇・
八五円左右，後者一斤可達一・五至一・六円，價格
相差近倍。[107] 1938年馬來半島的魚藤栽培面積有九五
八九英畝，其中聯邦州佔四一〇六英畝、英國海峽殖民
地佔一一九一英畝、非聯邦州佔四二九二英畝，[108] 如
此規模可說是當時世界魚藤栽培的中心。

　　東南亞的魚藤種植園之經營，以馬來半島的栽培情
形為例，一般伏地種（這トバ）魚藤可以插枝繁殖，最
適當的收穫期是二十四個月。收穫的魚藤根經過七至
十五日曝曬，或於攝氏五四・四度的乾燥爐中烘乾三天
半，乾燥的魚藤根每二百五十磅裝成一包。理想情況
下，每英畝收穫量應該有一千磅左右，每磅生產的成本
大約是〇・一八至〇・二美元，其中種植費約〇・〇八
至〇・一美元、收穫及乾燥的加工成本約〇・一美元。
婆羅洲的魚藤栽培發展較晚，直到魚藤成為世界主要農
藥原料後，才有商人在此地設立農場；該地的魚藤產量
每英畝約一千四百斤左右。菲律賓群島魚藤栽種事業，

---

106 《南方諸國資源綜覽》（東京：企劃院，1942），頁65。

107 島根縣立農事試驗場，〈デリス根の研究と應用〉，頁51-52。

108 小林碧、益田直彥，《南方圈の資源》，卷1（東京：日光書院，1943），頁152-153。

始於美國人開設的農業專門學校之試驗場，平均產量大約每公頃二公噸。荷屬東印度群島的魚藤栽培主要在爪哇及蘇門答臘，1930 年代以後來越來越重要。[109]包含爪哇、蘇門答臘及婆羅洲等地合計 1936 年產量五八三八噸、1937 年六五九九噸、1938 年五一九二噸。不過魚藤的價值並非鈞等，其品質價格以魚藤酮含量而定，平均約 5% 至 6%，4% 以下為劣品，8% 以上稱為良品。[110]

　　根據美國貿易局長賀斯特（E. D. Hester）的調查報告，以 1933 年 11 月為例，魚藤乾根在美國紐約的收購價為每磅〇‧五美元，相對於成本〇‧二美元來看，馬來亞的魚藤栽培還是頗有利潤。一般馬來亞的魚藤根收穫加工後，由貿易商經水洗曬乾，並集束裝袋，裝船運往美國、日本及歐洲，部分為節省運輸空間，會在當地進行碾碎的初級加工，然後再用錫罐裝運。[111]

109 服部芳郎譯，〈極東に於けるデリスの栽培〉，《拓務時報》，號 76（1937 年 7 月），頁 120-130。

110 《南方諸國資源綜覽》，頁 65。

111 加藤勇太郎譯，〈デリスの栽培、毒成分、用途、化學分析及び抽出〉，《拓務時報》，號 44（1934 年 11 月），頁 92-101。

表 2-3　　1930-1937 年馬來半島魚藤出口量統計
　　　　　（單位：英擔）

年代	英國		美國		日本		其他		合計	
	數量	%	數量	%	數量	%	數量	%	數量	%
1930	696	38.8	138	7.7	758	42.2	203	11.3	1795	100.0
1931	184	9.3	185	9.4	606	30.8	995	50.5	1970	100.0
1932	1,653	39.4	1,018	24.2	830	19.8	697	16.6	4198	100.0
1937	5,440	43.5	3,064	24.5	2,426	19.4	1,569	12.6	12499	100.0
1938	3,768	24.7	6,445	42.2	3,745	24.5	1,327	8.7	15285	100.0
1939	4,552	15.6	18,256	62.7	4,118	14.1	2,203	7.6	29129	100.0

資料來源：1930-1932 年見三屋壽夫，〈臺灣に於けるデリス栽培に
　　　　　關する一考察〉，《臺灣農事報》，期 378（1938 年 5
　　　　　月），頁 369；1937-1939 年見大沼正夫，〈デリスに對
　　　　　する考察〉，《臺灣農會報》，期 1（1941 年 1 月），
　　　　　頁 71-72。

　　從表 2-3 可以看到，馬來半島的魚藤出口，主要還
是供應美國、英國及日本的市場，其中日本進口數量可
說逐年攀升，到 1930 年代末期以後，已逐漸與英國不
相上下。同時參考表 2-4 的日本魚藤進口統計，此一數
據趨勢與上一節所提到，1930 年代起隨著日本國內農
藥需求提高、魚藤藥劑市場活絡，使得魚藤進口直線增
加相同。

　　總計至太平洋戰爭爆發前夕，馬來半島魚藤輸出
量，已從 1935 年的四〇六四噸，至 1938 年提高到
一四九三五二噸，到了太平洋戰爭前夕的 1939 年竟已
高達四〇七四一六噸，證明了魚藤藥劑需求在全世界的
爆炸性成長。[112] 1939 年東南亞產的魚藤根，約 63% 輸
入美國（一百五十二萬斤）、16% 輸入英國（三十八

---

112 〈馬來竝に東印度に於けるデリス根の栽培〉，《日本藥報》，
　　第十八年第八號（1943 年 3 月），頁 1。

萬斤），14% 輸入日本（三十四萬斤），另外美國除
了自東南亞進口可觀的魚藤外，亦消費與此數量相當
的南美產 Cube 根（經化學測定後，確認含魚藤酮的植
物，學名為 *Lonchocarpus nicou*），[113] 其農藥生產事業之規
模可見一斑。

表 2-4　1926-1936 年日本魚藤根輸入統計

年代	進口量 / 公斤	進口值 / 圓
1926	20,165	11,570
1927	39,389	23,816
1928	46,238	25,036
1929	97,349	50,893
1930	69,349	60,340
1931	57,059	32,749
1932	61,507	42,531
1933	82,128	46,150
1934	78,940	58,080
1935	123,015	193,589
1936	92,019	195,522

資料來源：三屋壽夫，〈臺灣に於けるデリス栽培に關する一考
　　　　　察〉，《臺灣農事報》，期 378（1938 年 5 月），頁
　　　　　370；李毓華，〈臺灣之魚藤〉，《臺灣銀行季刊》，卷
　　　　　6 期 1（1953 年 9 月），頁 113。

　　戰前世界各國的魚藤製藥工業，都仰賴東南亞的原
料供應，但 1930 年代以後由於政治局勢轉變，特別是
日本從東南亞的魚藤進口受到威脅。1937 年中日戰爭
爆發後，原本新加坡華僑經營的種植園，一時間拒絕向
日本出口，導致日本方面原料緊張；1940 年底歐美對
日本實施更嚴厲的經濟制裁，魚藤根的輸入進一步被限
制，當時日本國內魚藤根主要仍舊從新加坡進口，但由

---

113 宮島式郎，《デリス》，頁 1。

國家主導，在臺灣的魚藤栽培快速發達，產量顯著增加，一定程度填補了東南亞魚藤的缺口，滿足日本製藥業需求，乃至能向朝鮮、滿州、華北等帝國圈內其他地域輸出。對此日本政府採取輸入配給統制，業者接受政府整併，自律提供產品的魚藤酮含量，並由政府規定公定價格販售。不過臺灣產魚藤根價格遠低於南洋產，因此主要用在大量生產的南京蟲（臭蟲）藥上，農藥用的主要仍舊採用南洋產魚藤根。[114]

從上述 1930 年代東南亞魚藤栽培事業各項統計，不難想見此時歐美各國農業化學工業的發展，以及魚藤藥劑之興盛。這也跟魚藤化學研究至此時大勢底定，以及各種應用價值不斷被開發有關。例如魚藤酮在醫療上具有高度價值，特別適用在癬疥方面，日本市面上有津村製藥所的 Scabison（スカビソン），以及三共製藥所的 Rotone 軟膏，另外也被認為可以用作船底塗料、漁業養殖藥劑等，[115] 應用頗為廣泛。隨著魚藤需求的增加，日本業者也嘗試在帝國圈內國內移植的可能性。

日本國內移植魚藤，係 1917 年農林省官員鈴木審三從新加坡引進南洋種魚藤贈與林業試驗場，以及東京營林局囑託豐島恕清在小笠原島試種最早。[116] 另一重

---

114 《整備されたる農業藥劑》，頁 12-16；宮島式郎，《デリス》，頁 2。

115 遠藤季男，〈南方圈のデリス〉，《新亞細亞》，卷 5 號 11（1943 年 11 月），頁 56-67；刈米達夫，〈魚藤及びデリス根にいて〉，頁 1-6。

116 《整備されたる農業藥劑》，頁 12-16；宮島式郎，《デリス》，頁 2。

要人物石貝邦作，大約 1917 年前往南洋後便十分注意
魚藤的移植問題，1931 年在沼津市設立農場，首先嘗
試移植南洋種的魚藤，並試種成功。[117] 不過上述這些
都屬於實驗性質，尚未能大量生產。真正在日本帝國圈
內稍具規模的種植園，是在小笠原群島的父島上經營農
場的青野正三郎。

圖 2-3　石貝邦作在沼津市的魚藤農場

說明：圖中可見農場構築簡易溫室，確保原產於亞熱帶的魚藤能於
　　　溫帶地區生長。
資料來源：《農藥デリスの栽培法》（東京：明文堂，1936），扉頁。

　　　1920 年代末期青野認為小笠原群島的氣候與南洋
相似，於是著手引進南洋種魚藤試種。成品經送デリス
製劑會社測試後，認為與南洋地區購入的品質相當，因
此開始大規模種植。同時デリス會社也與青野訂定採購
契約、給予技術及資本援助，這是日本藥廠在小笠原島
收購原料之始。1932 年デリス會社與日農合併後，這
種援助關係一度中斷，但由於小笠原產的魚藤品質不
差，價格與南洋相比也頗有競爭力，很快日農又恢復向

---

117 石貝邦作，《農藥デリスの栽培法》，頁 6。

青野採購的模式。1934 年以後因魚藤需求提高，加上
國際關係惡化，製藥業者尋求原料替代的途徑，因此日
農提高對青野的援助，訂定年產三十噸的目標，日農派
遣試驗場場長新開悟前往調查，並指導栽培方式。雖然
小笠原栽培魚藤逐漸步上軌道，但受限於腹地狹小，實
際能栽培的面積極為有限，相對於日本製藥業的龐大需
求仍是杯水車薪。再加上日農在中國東北及華北對魚藤
藥劑需求又不斷提高，以下數字可以看到：1935 年日
農提供滿州國的デリス石鹼及ネオトン是一二〇四公
斤，而後在 1936 年提高到七五四七公斤、1937 年九〇
六七公斤，到了 1938 年更高達八九九一八公斤，成長
幅度驚人，因此必須尋求新的魚藤生產基地。[118]

　　在日本帝國圈內，適合熱帶作物生長環境，並且有
足夠腹地發展種植事業的地方，無疑就是臺灣。臺灣總
督府認為憑藉臺灣地理位置的優越，將能成為魚藤生產
的中心之一，同時促進藥劑製造事業。1940 年總督府
農事試驗所所長渋谷紀三郎即表示，魚藤是臺灣新興作
物，在臺灣栽培的魚藤，不僅提供日本國內需要，未來
更有可能成為出口商品，甚至可以作為一種新的經濟作
物，帶動臺灣的化學製劑工作。[119]

　　臺灣的魚藤引進工作，1929 年已有日人馬場弘試
種魚藤苗，之後陸續有石貝邦作等小規模種植。但真

---

118 《社史日本農藥株式會社》，頁 218-220。
119 《でりすに關する調查及栽培試驗成績》，臺灣總督府農業試驗
　　所報告第 74 號（臺北：臺灣總督府農事試驗所，1940），序；
　　恆畑護，〈馬來のデリスに就て〉，《臺灣農會報》，卷 4 號 9
　　（1942 年 9 月），頁 66-84。

正由總督府主導的大規模移植，遲至 1934 年才開始。1934 年的引進工作，是由中央研究所農業部種藝科長磯永吉，以及技師櫻井芳次郎、加茂巖等負責，決定在臺灣引進東南亞種魚藤，委託日本商人安倍輝吉購入種苗。根據氣候及雨量的調查，磯永吉等人認為臺灣南部的高雄州及臺東廳，是栽培魚藤的最佳環境。於是總督府農事試驗場首先在臺南白河的臺灣生藥會社農場種植十甲，及屏東里港的石貝デリス農場種植五甲，其他如臺中太平大寶農林部、臺中州中野農場、員林郡二水庄增澤氏及帝國製糖株式會社等都參與種植。[120] 1936 年至 1939 年間，農業試驗所在臺灣全島栽植五十萬株以上的魚藤，直到戰後在臺灣繁殖的南洋種魚藤，都是這批種苗的繁衍。[121]

　　這段時期前後在農業試驗所培育的種苗有以下三種：中トバ 1 號、這トバ 1 號及這トバ 2 號。中トバ 1 號、這トバ 1 號是 1934 年臺北馬場種苗店經手輸入，至 1936 年繁殖至十數萬株，臺灣島廣泛栽培的主要是這兩種。1935 年 10 月總督府殖產局從新加坡引進這トバ 2 號，但尚未大規模栽種。[122] 歷年魚藤引進及栽植情況，可參見表 2-5。

---

120 小野寺二郎，〈デリス根に就て〉，頁 33-34。
121 《でりすに關する調查及栽培試驗成績》，頁 1。
122 《でりすに關する調查及栽培試驗成績》，頁 5。

表 2-5　臺灣歷年魚藤品種引進一覽

品種	輸入來源	輸入者	輸入時間	繁殖者	分配地點
這トバ	新加坡	馬場弘	1929 年 6 月	農業試驗所、臺灣生藥株式會社	全島多
這トバ	新加坡	日本拓植株事會社	1935 年	臺灣農林株式會社	新竹少
這トバ	新加坡	山田伯採	1936 年	農業試驗所、臺南州立農業試驗場	臺南農試場、農業試驗所
這トバ	新加坡	中野五八	1936 年 6 月	中野農場	臺中少
這トバ	沖繩糖業試驗廠	嘉義林業試驗支所	1925-1926 左右	林業試驗所	全島少
這トバ	婆羅洲	小笠原金亮	-	臺南州立農事試驗場	臺南少
這トバ	小笠原島	日本農藥株式會社	1937 年	日本農藥臺灣農場	臺北、嘉義少
中トバ	新加坡	馬場弘	1929 年 6 月	農業試驗所、臺灣生藥株式會社	全島多
中トバ	新加坡	荒木忠郎	1937 年	東臺灣デリス合資會社	花蓮港少
中トバ	婆羅洲	小笠原金亮	-	臺南州立農事試驗場	臺南少
立トバ	新加坡	馬場弘	1929 年 6 月	農業試驗所、臺灣生藥株式會社	臺南、高雄少
立トバ	婆羅洲	小笠原金亮	-	臺南州立農事試驗場	臺南少

資料來源：《でりすに關する化學的試驗研究成績》，臺灣總督府農業試驗所報告第 73 號（臺北：臺灣總督府農事試驗所，1939），頁 4。

　　雖然東南亞的魚藤栽培十分粗放，多半利用田間隙地或山坡地，甚至與其他作物雜作。[123] 但引進之際，總督府農業試驗所仍仔細研究最適切的栽培方式。首

---

123 汪松林，〈デリス〉，《臺灣の山林》，期 120（1936 年 4 月），頁 48；鄭乃濤，〈魚藤及其經濟價值〉，頁 141。

先，魚藤種植十分重視土壤，以平坦的砂質土壤為佳，這是因為儘管魚藤在多數土壤中都能繁殖，但由於其採收十分仰賴勞動力，黏性土壤會大幅增加採收的困難，且魚藤根中細根的魚藤酮含量高於粗根，因此砂質土壤有利於保存細根。其次，最適合的栽培方式，分為苗圃及本圃兩階段。苗圃階段採用插枝法，培育三至五個月左右，再移植到本圃中。移植到本圃的魚藤，每甲種植一萬八千至二萬四千株，並須施窒素肥料及灌水。如果照顧得宜，移植的魚藤存活率可高達 98%，此後只需要簡單除草即可。此外魚藤的嫩葉可能遭受毒蛾類、尺蠖蛾類或金龜子蟲科等啃咬，可以施灑砒酸鉛、砒酸鈣或除蟲菊劑。本圃定植二十四個月後可以收成，高溫期收穫的品質又優於低溫期。一般來說，南洋地區每甲收成一千二百至一千八百公斤。臺灣的中卜バ 1 號每甲可收二千一百公斤、這卜バ 1 號每甲收一千七百公斤、這卜バ 2 號每甲收一千六百公斤。[124] 就單位面積產量而言，臺灣種植的成效並不比南洋各地種植園差。

不過與單位面積產量相比，更重要的是魚藤根的魚藤酮含量，這直接關係魚藤的實際經濟價值。但是從表2-6 的統計中可以看到 1938 年總督府在各地試種成績，臺中、高雄、臺南及東臺灣等地生長的魚藤，魚藤酮大概都能超過 8% 的門檻，屬於良品等級，代表在臺灣栽種的魚藤，品質上仍具有競爭力。

---

124 《でりすに關する調查及栽培試驗成績》，頁 13-22。

表 2-6 臺灣各地魚藤栽培成分調查表

品種	種植地	魚藤酮含量%	有效分量%	品種	種植地	魚藤酮含量%	有效分量%
中トバ	臺北州宜蘭郡礁溪	3.74	5.09	這トバ	臺灣總督府農事試驗所	15	16.18
	臺灣總督府農事試驗所	14.74	16.82		新竹州大溪郡きよぼん	8.67	10.16
	新竹州大溪郡きよぼん	9.05	10.4		新竹州立農事試驗場	8.21	9..75
	臺中州大屯郡太平庄	5.78	8.06		新竹州新竹郡馬武督社	8.2	9.56
	臺中州新高郡集集庄	10.15	11.9		臺中州大屯郡太平庄	12	13.84
	臺南州嘉義市山子頂	7.9	9.49		臺中州大屯郡太平庄	11.27	13.56
	臺南州新化郡楠西庄	9.63	11.05		臺中州新高郡集集庄	7.45	8.53
	高雄州潮州郡內埔庄	11.69	13.2		臺南州嘉義市山子頂	5.85	7.04
	高雄州鳳山郡大寮庄	1.1	1.74		臺南州嘉義市紅毛埤	8.71	10.8
	高雄州恆春郡恆春庄	4.82	5.93		臺南州新化郡楠西庄	8.25	10.07
	花蓮港廳鳳林郡舞鶴	2.51	3.37		高雄州立農事試驗場	8	9.63
	花蓮港廳農會農場	9.92	11.47		高雄州潮州郡內埔庄	14	16.05
	臺東廳臺東街東部農產試驗場	6.18	7.44		高雄州鳳山郡大寮庄	2.81	3.56
	澎湖廳農會農場	2.72	3.38		高雄州恆春郡恆春庄	4.09	5.08
立トバ	臺南州嘉義市山子頂	2.96	5.92		花蓮港廳鳳林郡舞鶴	10.15	11.56
	高雄州潮州郡內埔庄	3.1	4.84		花蓮港廳農會農場	7.51	8.71
	高雄州鳳山郡大寮庄	2.8	5.36		臺東廳農會農場	7.6	9.83
	高雄州恆春郡恆春庄	2.79	4.05				

資料來源:《でりすに關する化學的試驗研究成績》,頁 22-25。

還有一個值得考慮的問題,是栽培魚藤對農家的經濟效益究竟如何?農事試驗場的報告中指出,魚藤有別

於其他旱作作物，其栽培期較長，相對的資金回收較
慢，對於一般急需資金周轉的小農家來說十分不利，因
此最有效率的方式，便是透過大企業種植的形式推廣。
當時一般農家種植魚藤可能有幾個考慮：其一是希望增
加自家用的驅蟲劑，特別是對種植棉花的農家而言，經
常要灌注魚藤藥劑驅蟲，因此自行種植魚藤有經濟上的
優勢。其次是作為間作作物而出現，例如在南洋是與胡
麻樹間種，在臺灣則適合與咖啡樹、茶樹或果樹等共同
出現。南洋地區的魚藤種植，又作為輪種形式存在，
其莖幹及枝葉可作為綠肥，這種輪作方式也適合在臺灣
推廣。[125]

　　不過就實際的調查發現，雖然魚藤栽培在肥料及農
藥上需求不高，但對於勞動力負擔不小，前期的開墾作
業、除草工作，以及後期的採收階段，都需要大量人
力。整體來說利潤率並不高，根據總督府農林專門學
校的研究報告，以嘉義一處魚藤種植園的經驗來看，
每甲地種植魚藤投資約為一千一百〇五円，收成約為
一千二百円，僅有九十五円左右的利潤，兩年投資利潤
率僅 8%。[126]農事試驗場所推估的利潤稍高，魚藤種植
每甲收成乾根一千六百公斤計，單價六十公斤（一百
斤）五十円，可收入一千三百三十五円；支出則為
一千一百二十二円，利潤為二百一十三円（16%）。[127]

125 《でりすに關する調查及栽培試驗成績》，頁 22-26。
126 北村忍富〈本島ニ於ケル某大農場經營ニ關スル調查〉（臺中：
　　臺北帝國大學附屬農林專門部卒業報文，1940），頁 152。
127 《でりすに關する調查及栽培試驗成績》，頁 33。

無論每甲利潤是九十五円或二百一十三円，魚藤種植投資大、資本回收期長的特點，亦確實對一般小農家較為不利，所以總督府的推廣態度，在魚藤移植事業中扮演重要作用。

　　1941 年起總督府訂定魚藤種植三年計劃，配合日本國內的需求，希望種植面積達到二萬九千市畝，至1943 年全島種植面積已達二八一一五市畝，年產量達八十六萬公斤，接近總督府訂定之目標。栽培地區以花蓮最多，特別是新城、玉里等地產量最高，臺中次之，臺南、高雄也有相當面積。[128] 日本在臺灣的魚藤推廣工作，林業試驗所、農事試驗場等機構積極繁殖種苗，由總督府免費提供在各地栽種，使得 1930 年代末期臺灣魚藤種植十分興盛。但是這些所生產的魚藤根都由總督府統一收購，不少大型種植場也都是由各地糖廠、日農、臺灣生藥會社等企業經營，頗具殖民地經濟色彩。[129]

　　臺灣總督府推廣魚藤種植，係採用公定價格收購的方式，臺灣拓植株式會社、大日本製糖、杉原產業、住友物產及南榮產業等是主要參與魚藤栽培的大企業，以1944 年的產量來看，約 37% 供島內使用，22.4% 輸往朝鮮、中國東北及華北，其餘 39.8% 提供日本國內使

128 王鼎定，〈臺灣之魚藤〉，《臺灣農林月刊》，卷 2 期 10（1948年 10 月），頁 29-30；李毓華，〈臺灣之魚藤〉，《臺灣銀行季刊》，卷 6 期 1（1953 年 9 月），頁 107。
129 李毓華，〈臺灣之魚藤〉，頁 107；程暄生，〈臺灣之毒魚藤製造事業〉，《農業通訊》，卷 1 期 6（1947 年 6 月），頁 25。

用。[130] 1943 年宮島式郎前往臺灣調查魚藤栽培情況，
他注意到臺灣的魚藤栽培主要在臺中、花蓮港、臺東等
地，其中臺中最早實施栽培獎勵、成立栽培組合，以及
協定價格等政策，因此栽種規模領先全臺。1942 年總
督府在臺北成立臺灣デリス蒐荷配給組合，負責全島的
統一收購工作。當年度全島栽培面積大約二千町步，其
中七百町步可以採根，平均每町步收成乾根一千五百
斤，全臺灣魚藤根產量大約可以達到一百萬斤。不過他
也指出，臺灣島內的魚藤藥劑製造，仍舊屬於初級加
工，並未進入到工業精製階段。[131]

　　通過實際案例的討論，或許可以進一步對臺灣魚藤
栽培的推動及風險有更清楚地認識。如前所述，隨著日
農在日本本土、滿州、華北事業的擴大，極力向外尋求
穩定的魚藤原料來源，因此也響應總督府的提倡，來
臺灣開闢魚藤種植園。1938 年日農董事三島進、試驗
場場長新開悟來臺調查，隨後向總督府遞交設立農場的
申請。根據日農所提出的魚藤栽培事業計畫書，在需求
量方面，前三年要能生產七十噸，第四至第六年要生產
一百二十噸，七年以後要年產一百八十噸。這些魚藤全
部用於該社日本、中國東北及華北的各工廠魚藤藥劑
生產。配合產量，種植面積逐年擴大，從七十二甲、
一二三甲至一八五甲，加上其他附屬設施，最終農場面
積將達到二六八甲，雇用農工二五三人的規模；預期每

---

130 王鼎定，〈臺灣之魚藤〉，頁 32。
131 宮島式郎，《デリス》，頁 310。

甲種植一萬二千株，能收穫乾根一九五〇公斤。總督府
同意該項計畫，協助在臺南州北港郡北港街後溝仔取得
未墾地六十甲，以及由總督府提供的四八・七甲，共百
餘甲的土地；另外日農也在其他地方尋求土地。該項農
場建設屬於國策事業，得到當局大力支持，1939 年日
農社長夏目廉介親自出席動土儀式，1940 年完工正式
運作，首任場長由新開悟擔任。可惜的是，日農魚藤農
場的生產並不順利，小笠原島的種苗遲遲未寄到，加
上 1940 年 8 月及 10 月遭逢兩次暴雨，苗圃受到相當破
壞，之後幾經努力，至 1945 年達到年產乾根二十四噸
的成果；總計 1943 年至 1945 年間該農場以虧損二〇
六〇〇三円作收。[132] 因此儘管如日農這樣大規模的企
業，在小笠原群島已有成功的栽植經驗，但在臺灣的種
植事業仍受到天災影響，導致虧損甚鉅，所以魚藤栽植
乃至新作物移植的高度風險，也不容忽視。

小結

　　20 世紀是農業化學知識發展快速的時期，大大改
變了人們對環境的控制力，可以說是促成人口成長、都
市化、商品貿易乃至食品化工業成長的重要基礎。其中
特別是農藥的引進，帶來對應病蟲害方法革命性突破，
其調製藥劑、施灑手續以及避免藥害等，都需要培養農
民具備相當的現代智識，因此可說是農業現代化的指

---

132 《社史日本農藥株式會社》，頁 224-230。

標。[133] 通過除蟲菊與魚藤兩個個案來觀察，本章嘗試探討三個方向的課題：其一是傳統農業到新式農業轉變的具體線索，特別防除病蟲害的農業化學藥劑展現甚麼樣的知識、技術與生產轉變。其二，以除蟲菊、魚藤藥劑為代表的近代農藥生產，其發展條件、市場競爭、原料生產以及國家立場扮演甚麼樣的角色；其三，是同樣做為接踵歐美農業化學科學的農藥事業，在魚藤利用上中日之間的差異何在，藉由探討這種同時為兩國科學家所認識的「西方經驗」接受與發展差異，從而對新興現代事業之引進有更深刻的認識。

首先在農業化學生產發展的過程，以具體的農業病蟲藥劑來看，引進了新式化學之後，傳統的植物利用，甚至家庭加工調製始終未曾絕跡，但不可否認的是，更全面的品種調查、產銷體系，增加了傳統農業防除病蟲害的手段。因此上一章所討論的現代農業知識的建立，在具體的農藥作物栽培中，更清楚地看到農業化學扮演了串聯學術研究、產業的角色。

其次就除蟲菊與魚藤藥劑產業的發展上，19 世紀末日本科學家們已經持續關注這些農藥作物的利用方式。農化學者永井一雄、武居三吉、刈米達夫等人對魚藤性狀持續研究，取得不下於西方同行的成果；東京理化學研究所、京都農藥研究所也致力開發優良產品，與產業發展密切結合。亦即現代科學是現代產業的基礎，這一點在魚藤利用上再度得到印證。同時期中國的農業

---

133 藤原辰史，《戰爭と農業》（東京：集英社，2017），頁 35-38。

化學科學及生產事業之結合遠遠不及，儘管市場上已有除蟲藥劑的需求，甚至部分業者也投入除蟲菊的栽培、生產事業中，但在化學研究及產品研發上相對同時期的日本仍有不少差異，這一點直到 1940 年代才由政府主導的農業研究機構中看到中國在知識儲備上的投入。

　　日本學者積極投入農藥作物研究的原因，一方面自然是這些新作物的有機化學分析在世界上仍方興未艾，具有高度學術潛力；但另方面，也不能忽視日本農藥市場的活絡，以及商人對這項作物的推廣努力。如城野昌三、石貝邦作等人積極引進魚藤藥劑，並樂於提供樣本給學者進行分析，政府官員、學術機構和農業試驗場亦願意與業者合作，進行各種產品背書，構成正向的產業發展模式。不過同樣要指出的是，也正是農業化學事業的榮景吸引眾多業者投入，導致市場上品牌眾多、產品良莠不齊等現象，因此如農事試驗場等推廣體系的角色便更為重要。此一經驗不獨日本如此，1930 年代中國在引進新式化學肥料時，便經常由獨立單位如上海化驗室出具檢驗證明，以昭公信。因此這種新產品的行銷與社會信任關係的建立，亦是將來值得關注的課題。

　　最後，中日之間建立農藥作物產業的另一個重要經驗，是品種移植與栽培事業所反映出的政策差異。以魚藤來說做為新興經濟作物，良種必須由東南亞取得，再經過相當的農業研究，才能在中國華南或臺灣有規模的生產。魚藤與除蟲菊的引進，在中日兩國最大差別，或許在於國家所發揮的作用，1930 年代日本已成為除蟲菊最大的出口國；魚藤栽培事業也快速地在小笠原群

島和臺灣展開。1930 年代末期，在動員體制及國際貿易制裁的形勢下，順利移植到臺灣的魚藤栽培事業，成為帝國圈內製藥原料的基礎，呼應了農業化學家所提倡的，以栽培方式確保源料供應的訴求。臺灣魚藤栽培事業，有顯著的國家主導色彩，在配合國策的目標下行政部門為業者創造有利條件，解決各種問題。當然，新作物的移植不免有其風險，如日本農藥株式會社這樣的大財團，在臺灣開闢魚藤種植場時，都遭受鉅額虧損，這也是業者配合國策所必然要承擔的風險。相對之下，具有更多元氣候帶的中國，除蟲菊栽培僅止於私人業者提倡，而魚藤的引進與試驗更付諸闕如，其中的差異，或許能進一步從戰前及戰後國家的角色來討論。

第三章　戰前及戰時國家角色的轉變

　　發展經濟學理論指出，國家政策在經濟發展中扮演重要的角色，特別是 19 世紀末至 20 世紀之間，農業與工業的產業政策互補，是後進國家如日本、中國發展的關鍵。[1] 從除蟲菊與魚藤在東亞地區的發展過程中，可以看到隨著有機化學在 19 世紀下半快速推進，資本家或政府組織願意支助探險者們在全世界進行物種探索，並試圖開發這些物種的商業價值。魚藤與除蟲菊在這樣的時代背景下進入農業化學業者的視野中，成為重要的原料作物，這兩種作物支撐了相當規模的化學加工事業。[2] 從魚藤與除蟲菊的案例中可以發現，固然資本家與業者走在前頭，資助了學術研究，但國家的支持仍有不可忽視的作用。借助國家成立的高等院校、研究機構，以及國營工廠和推廣體系，使農業化學藥劑的應用，能發揮更大影響力，改變農業的生產方式。

　　上述過程，自晚清已降逐漸開展，不過在高等院校方面進展雖然較為快速，但國家力量則因晚清民初政局動盪的緣故，未能有顯著地發展。同一時間的日本，已

1　Pei-kang Chang, *Agriculture and Industrialization: The Adjustments That Take Place as An Agricultural Country Is Industrialized* (New York: Greenwood Press, 1949), pp. 115-117.

2　顧玄，〈我國的幾個殺蟲藥劑問題〉，《中華農學會報》，期 159（1937 年 4 月），頁 216-221。

在國家提倡與業者參與下，建立極為可觀的現代農業化學事業，甚至在殖民地臺灣建立了龐大的栽培事業支持帝國內部製藥原料需求。中國必須等到 1927 年南京政府成立以後，國家力量在農業化學的推動上才長足有進。可惜南京政府經歷短暫的建設期，就遭遇中日戰爭爆發的困境，使得在江南地區的農業化學工作為之停頓。不過在戰時增產目標上，農業化學工廠的建設轉移到大後方繼續進行，成為戰後發展的基礎。因此本章即以戰前及戰時國民政府時期的機構設置、國際合作，以及人才養成的線索，觀察農業化學事業在近代中國步上軌道，逐漸改變現代中國農業生產的樣貌。

一、南京政府主導的農業化學事業進展

近代中國由國家力量支持的第一處農業化學病蟲害防治機構，是 1922 年江蘇省政府與東南大學合作創辦的江蘇省昆蟲局，致力於利用化學藥劑防治病蟲害的工作。該局不僅進行昆蟲品種調查、植物病蟲害研究，也向農民團體推廣各種新式藥劑。江蘇省昆蟲局至 1930 年已發展為工作人員四十餘人，設有總務及技術二課，技術課內設有桑蟲股、稻蟲股、標本股、蝗蟲股及棉蟲股等五個部門。各股設有研究所，邀請學者專家主持，例如棉蟲股的棉蟲研究所設於南通，與江蘇省立棉產改良場合作，推行利用棉油石鹼劑防治棉芽蟲；稻蟲研究所設在崑山，重點研究稻螟蟲，並推出焦油尼古丁防治

方法。[3]

　　稍晚於江蘇省昆蟲局成立的是浙江省昆蟲局，1924年設於嘉興，1927年遷至西湖，並於1930年改稱浙江省立植物病蟲害防治所。浙江昆蟲防治所設有總務、推廣及研究三部，總務部負責文檔、祕書、事務等工作；推廣部負責製圖、模型、攝影、防治指導及期刊編纂等工作；研究部設有標本、養蟲、藥劑、機械等室，從事各類研究工作，研究人員及職員共有四十六人。除了西湖李公祠的研究所總部外，另有嘉興、永嘉及蘭溪三個分所，嘉興分所專攻稻作病蟲研究、永嘉分所負責果樹病蟲研究；蘭溪分所後來移到湖州，注重桑樹蟲害研究工作。[4]

　　江蘇及浙江兩處昆蟲研究所，得益於江南地區相對豐富的經濟條件及學術支持，因此規模最為完備。1928年江西省也規劃成立昆蟲局，設有研究、技術及總務三科，研究人員共十二人。除了針對農業病蟲害防治外，也負責南昌市區的衛生防治研究工作。不過受到剿共戰爭的影響，江西省的財政經費十分拮据，昆蟲局也未能步上軌道。稍晚於江西省的是廣東昆蟲研究所，成立於1930年，與中山大學合作。粵省昆蟲局設有園藝害蟲組、作物害蟲組、森林害蟲組、桑蠶害蟲組、治蟲藥械組、標本組及宣傳組等，並出版學術刊物《蟲刊》。[5]

3　吳福楨、徐國棟，〈民國十九年中國之昆蟲學界〉，《中華農學會報》，期85（1931年2月），頁93-94。
4　吳福楨、徐國棟，〈民國十九年中國之昆蟲學界〉，頁94-96。
5　吳福楨、徐國棟，〈民國十九年中國之昆蟲學界〉，頁96-97。

至中日戰爭前夕，中國各省設立的病蟲害推廣機構，便以上述江蘇、浙江、江西及廣東四省為主。

從組織結構來看，各省昆蟲局最重要的任務，是進行病蟲害防治研究與宣導工作，除了印製手冊、派員至農村講習外，更重要的是尋求更有效的病蟲害防治工具，亦即各種藥劑或器械的試驗開發。中國也因為幅員廣大、農業型態眾多，不同作物的昆蟲防治有不同重點，形成複雜的分工。大致可見，水稻、棉花、桑蠶等農作項目，是各地昆蟲局工作的重心。1937 年浙江省昆蟲研究所技師顧玄發表專文討論當時是流行的幾種農業化學藥劑，其中最為推薦的是魚藤製劑，他指出「用魚藤殺蟲劑大規模防除農業害蟲的成功，已有很多的例子，它在農藥中的地位，在除蟲菊、烟精之上，過去很多除蟲菊、烟精的用途，已被魚藤奪去。」顧玄的觀察，恰好呼應第二章所言，魚藤作物出現之後，對農業化學產業帶來的重大影響。[6]

有鑑於魚藤藥劑的前景可期，農業化學專家們注意到中國的雲南、廣西、廣東及福建適合魚藤生長，江蘇省昆蟲研究所已蒐集許多樣本，並經測試，這種藥劑對果樹害蟲的防治十分有效，應大力推廣種植。除了魚藤外，顧玄也介紹硫酸尼古丁，並指出這種藥品雖然製造難度不高，但中國菸草大多用作吸食，農業使用仰賴進口成本頗高。不過硫酸尼古丁是防除蚜蟲的有力藥劑，特別是棉花蚜蟲往往造成鉅額經濟損失，因此不得不使

6　顧玄，〈我國的幾個殺蟲藥劑問題〉，頁 216-218。

用。此外，浙江昆蟲研究所也開發出利用華南地區常見
的中藥巴豆，萃取之後製成乳劑可取代硫酸尼古丁，惟
因巴豆毒性較菸草更強，對施灑者而言有更大風險。該
文也特別指出，中國農民及研究機構對植物性藥劑的利
用程度較高，可能是受到傳統中醫本草的影響，但隨著
化學製造的進步，無機化學中的砷素藥劑，也證實能對
傳統農藥較難應對的甲蟲類，也能有高效表現。不過無
機化學藥劑最大的競爭優勢，誠如顧玄所言，在於價格
遠較有機化學藥劑更為低廉，在經濟相對落後的中國，
顯然無機化學藥劑更有優勢。最後，顧玄總結中國農業
化學藥劑發展的困境，在於各地零星生產的土產農業化
學藥劑，成品及品質不一，無法與外國進口競爭，導致
農業生產成本提高。如要有效統一國內藥劑商品，則
「最初的農藥製造廠，宜由農業機關附設，或官商合
辦、或由政府保障其利益來促成」。[7]

　　顧玄的分析，大致上總結 20 世紀初期，中國引進
農業化學，並利用化學藥劑防除病蟲害的過程中，所遭
遇的各種困境。參考日本的經驗，借由國家力量推動研
究、生產與推廣，是發展中國家不得不採行的道路。國
民政府在當時也注意到這一點，因此於 1931 年設立中
央農業實驗所（以下簡稱中農所），以謀求在農業化學
的利用上能更上層樓。

　　中農所隸屬於南京國民政府實業部，1931 年 6 月
成立於南京近郊。根據該所章程，其任務為研究及改進

<hr />

7　顧玄，〈我國的幾個殺蟲藥劑問題〉，頁 218-221。

中國森林、蠶絲、魚牧、農藝及其他農業技術，並就中外已知之農業方法進行調查研究與試驗，選擇良種引進和推廣，並注意農村經濟調查及農產品加工研發等任務。主要分成植物生產科、動物生產科、農業經濟科三科。植物生產科下設有稻作系、麥作雜糧系、園藝系、土壤肥料系、病蟲害系、桑蠶系、農業經濟系等部門，其中病蟲害系以調查防治病蟲害為主要任務。[8]

　　根據中農所統計，中國農業增產最大的困難，在於如何有效防治病蟲害。1929 年全國蝗蟲及稻螟蟲造成的災害損失達數億元之鉅，1931 年的紅鈴蟲又造成棉花七千萬元的損失，因此中農所將減少病蟲害做為業務重點。1934 年中央棉產改進所及中農所有意建立國內第一個農藥實驗工廠，遂在南京設立治蟲機械實驗室，小規模生產噴藥設備。在河北定縣推廣棉油乳劑防治棉花蚜蟲，另外也在南京紫金山林區防除松毛蟲發揮作用，逐漸引起國內各界注意。適值洛克斐勒基金會於 1935 年參觀中農所，對該所病蟲害系之工作頗為重視，因此約定從該年 10 月起至翌年 6 月間，給予包含藥劑製造技師的薪水、設備等共一九二七〇元、施灑設備製造經費共一五〇三〇元，總計補助三四三〇〇元，做為藥械生產推廣之用。[9]

8　「中央農業研究所章程草案」（1931 年 5 月），〈章程〉，中央研究院近代史研究所檔案館藏，《實業部檔案》，檔號 17-21-001-01。

9　「中央農業實驗所呈」（1936 年 5 月），〈呈報洛氏基金委員會補助實驗治蟲經費經過〉，中央研究院近代史研究所檔案館藏，《實業部檔案》，檔號 17-21-016-02。

　　中農所設立的簡易病蟲藥械工廠，在化學藥劑、施灑器械，以及推廣病蟲防治的成效上，經洛克菲勒基金會派員視察認可，自 1936 年起每年補助四萬或五萬元不等的經費，某些時候更提供高達數千美元的資助，用以支付技術人員薪資及工廠建設費用。[10] 1936 年共生產松木防治塗膠一萬五千斤，主要用在南京的中山陵。另也擴大在河北的農藥推廣事業，包括定縣、軍糧城、趙縣、晉縣、南苑等地防除棉花蚜蟲，受益棉田一萬八千畝。至於施灑器械方面，自 1935 年 10 月開始生產，至 1937 年初，已銷售噴霧器七二二具，並收到總計達三千具的訂單。因訂單眾多，當時臨時設立的小型工廠已不敷使用，「查本所製造殺蟲藥劑機械廠屋，原係就本所前廣場地上之附著民房因陋就簡加以修葺而成，不特地位狹小，難於展佈，且光線黑暗，妨礙工作……曾臨時搭蓋草棚為用，工作極不便利，且火警堪慮。」[11] 中國首處由國家農業研究機構附屬的農業化學工廠，其侷促可見一斑，這也是當時中國農業化學事業的寫照。

　　中農所希望能擴大工廠規模，唯有如此才能滿足日益增加的農業化學藥劑及施灑機械生產需求，當時該廠產品已在二十五個省市試用，獲得各地方政府的熱烈迴響，當然也意味著防治蟲害是此時農業生產當務之

10　「農林部病蟲藥械製造實驗廠概況」（1944 年 11 月），〈農業情報：病蟲藥械製造實驗廠調查表；歷年病蟲藥劑產量統計表；病蟲藥械製造實驗廠供應站一覽表；農業推廣委員會 35 年以救濟麵粉獎收蝗卵、跳蝻及飛蝗數量表〉，中央研究院近代史研究所檔案館藏，《農林部檔案》，檔號 20-21-009-20。

11　「中央農業實驗所呈」（1937 年 5 月），〈呈報洛氏基金委員會補助實驗治蟲經費經過〉。

急。[12] 中農所的擴廠計畫，經農林部同意後，1937 年
6 月所方辦理公開招標建立新廠，計有九家民營廠家投
標，工程費在一萬三千至二萬元不等。[13] 可惜翌月抗戰
軍興，工程無疾而終。

　　雖然因中日戰爭的緣故，1938 年中農所西遷成
都，但洛克菲勒基金會的補助並未中斷，特別是雖然
1939 年該會決定集中財力發展中國衛生事業，停止其
他農業補助計畫，但唯獨對中農所的病蟲害防治工作仍
繼續支持，甚至在 1940 年度增至五萬八千元，因此負
責中農所藥劑生產工作的吳福楨事後回憶還提到：「本
所治蟲藥劑及機械之研究與製造，得略有成績者，實該
會予以持續不斷資助之力也」。[14]

　　1939 年以後，隨著中日戰爭轉為持久戰，維持大
後方糧食穩定供給成為重要課題。提高糧食供給方法不
外二者，即增加生產及減少損失。增產自 1938 年起已
有農產促進會專責執行；但減損仍舊繼續由中農所病蟲

12　「農林部病蟲藥械製造實驗廠概況」（1944 年 11 月），〈農業
　　情報：病蟲藥械製造實驗場調查表；歷年病蟲藥劑產量統計表；
　　病蟲藥械製造實驗廠供應站一覽表；農業推廣委員會 35 年以救
　　濟麵粉獎收蝗卵、跳蝻及飛蝗數量表〉。

13　「中央農業實驗所呈」（1937 年 6 月），〈呈報洛氏基金委員會
　　補助實驗治蟲經費經過〉。

14　「中央農業實驗所呈」（1942 年 7 月），〈中農所呈送美國洛氏
　　基金委員會補助治蟲實驗費 29 年及 30 年 7 至 12 月份工作報告
　　暨歷年受補助情形〉，中央研究院近代史研究所檔案館藏，《農
　　林部檔案》，檔號 20-41-054-02；「中央農業實驗所呈」（1942
　　年 7 月），〈中農所 31 年受美國洛氏基金委員會補助研製藥械
　　經費工作報告〉，中央研究院近代史研究所檔案館藏，《農林部
　　檔案》，檔號 20-41-054-03。

害系負責，1939 年農業促進會主任穆藕初[15]撥款八萬元恢復實驗工廠，可惜規模極為簡陋。[16]

1942 年底，農林部業務工作設計考核會主任祕書趙連芳、參事唐啟宇建議提高中農所產能，以商業化為目標。農事司則認為應以原有實驗工廠擴充為專門工廠，並加強大量製造能力，[17]主張將原本在實驗室生產的農藥推上生產線。農林部隨即向行政院正式提出籌建國營農業化學工廠的計畫，設廠計畫指出，「應用藥劑機械以防治農作物病蟲害，為增加生產最迅速有效方法之一……本部經督促技術人員從事試驗製造，以研究完成之藥劑與機械計有十餘種，在各省推廣應用，效果顯著」，[18]以及「本部中央農業實驗所原有之病蟲藥械製造廠，雖卓有成績，然僅從事藥械之研究及試辦製造工作，經費不足，房屋及設備不敷，製造數量亦屬有限。近年後方各省病害蟲害均極猖獗，需要大量藥械以備應用，而大量製造非中央農業實驗所原有之工廠所能

15 穆湘玥（1876-1943），字藕初，上海浦東人，1909 年赴美就讀威斯康辛大學農科、伊利諾大學農科等，1914 年獲農學碩士返國。先後擔任德大紗廠經理、厚生紗廠及豫豐紗廠總經理。1920 年擔任北京政府農商部顧問，翌年獲選為上海華商紗布交易所理事長。國民政府成立後，擔任工商部常務次長、中央農業實驗所籌備主任、實業部常務次長等職。抗戰後擔任農產促進委員會主任委員、農本局總經理。見徐友春主編，《民國人物大辭典》，頁 2612-2613。

16 張學祖，〈農業的兵工廠〉，《科學畫報》，卷 15 期 1（1949 年 1 月），頁 15-18。

17 「楊杜宇簽呈」（1943 年 1 月），〈病蟲藥械製造廠 32 至 36 年組織規程〉，中央研究院近代史研究所檔案館藏，《農林部檔案》，檔號 20-52-001-02。

18 「農林部呈行政院」（1943 年 3 月），〈病蟲藥械製造廠 32 至 36 年組織規程〉。

勝任」等語，可見舊有工廠已不敷使用，於是遂決定覓
地建築廠房、充實設備、聘請技術人員，並利用國產原
料擴大製造規模。至於原有舊廠繼續從事小規模實驗，
而新設之病蟲藥械製造實驗廠「專事製造實驗工作，兩
廠分工合作密切聯繫」。[19]

二、戰時籌設的病蟲藥械製造實驗廠

　　擴大製造的準備工作進行甚早，1942 年初中農所
在重慶北培天生橋收購一千畝農田做為農事試驗場時，
便考量設立新廠的需要，因為殺蟲藥劑之製造研究與土
壤肥料分析都需要水電設備，而北培地區基礎建設完
善，已有中農所實驗農場、中央工業所等機構進駐，足
以提供新的化工廠各項支援。[20] 1942 年底中農所病蟲
害系主任吳福楨受命主持病蟲藥械製造實驗廠設置工
作，便以北培為主要廠址，另外在重慶江北區李子壩設
立實驗室及工廠。

　　吳福楨在設廠計畫中特別指出，病蟲藥劑製程中，
如紅砒氧化與硝酸製造均有毒氣，必須建造氧化室以免
技工中毒；其他如磨粉、烘乾、化驗及生物檢測等，都
需要專門建築物。且製藥時需要大量水洗，引水與排水

19　「農林部呈行政院」（1943 年 4 月），〈病蟲藥械製造廠 32 至
　　36 年組織規程〉。

20　「中央農業實驗所摺呈」（1942 年 6 月），〈中央農業實驗所 31
　　年勘定北碚天生礄做為試驗總場〉，中央研究院近代史研究所檔
　　案館藏，《農林部檔案》，檔號 20-41-002-03。

也要特殊裝置，所以通電的通風設備以及排水抽水設備等，在農業化學工廠的生產任務中非常重要。病蟲藥械製造實驗廠設有製造間二座，翻砂廠、氧化室、溫室各一座及職工宿舍二幢。[21]

籌備期間，除積極設置病蟲藥械製造實驗廠外，中農所也派技士程暄生前往甘肅蘭州調查設立分廠的可能性，這是因為陝甘地區以小麥為主要作物，長年苦於黑穗病。而該項疾病是最容易利用簡單的無機化學產品達到防治效果，所以中農所希望與甘肅礦業公司合作，利用當地硫酸銅礦生產藥劑，做為西北地區病蟲害防治之用；不過受到經費限制，該分廠最終並未設立。[22]

1943 年中以後，病蟲藥械製造實驗廠廠房設備陸續完成，6 月復以二十七萬三千元購買鄰近的和濟鐵工廠做為製械部門，利用其既有設備迅速投產。[23] 是年 7 月正式遷入重慶北培新廠生產施灑設備，但藥劑生產基地仍舊在成都；直到該年 11 月方正式遷移到重慶生產。[24] 有趣的是，藥械廠的商標是「綠十字」，據吳福

---

21 「農林部病蟲藥械製造實驗廠呈」（1943 年 3 月），〈病蟲藥械廠房舍〉，中央研究院近代史研究所檔案館藏，《農林部檔案》，檔號 20-52-002-03。

22 「籌設農林部病蟲藥械製造實驗廠工作報告」（1943 年 3 月），〈病蟲藥械廠 31、32 兩年度各項報告〉，中央研究院近代史研究所檔案館藏，《農林部檔案》，檔號 20-52-021-01。

23 「農林部令」（1943 年 6 月）、「農林部病蟲藥械製造實驗廠呈」（1943 年 6 月），〈32 至 34 年購置和濟工廠廠屋等成交日期；樹基工程司合同副本；擬建藥劑製造廠屋開標日期；驗收房屋工程紀錄〉，中央研究院近代史研究所檔案館藏，《農林部檔案》，檔號 20-52-002-01。

24 「三十二年七月份工作簡報表」（1943 年 7 月）、「三十二年十一月份工作簡報表」（1943 年 11 月），〈病蟲藥械廠 31、32

楨所言：「我們的廠，彷彿是保護植物健康的衛生機關，我們病蟲工作者，採用了一個綠十字做我們的工作和產品的記號，寓意與保護人類健康的紅十字相同，不過保護健康的對象，是綠色植物」，[25] 此段話透露了該廠將病蟲害防治與代表衛生的紅十字連結的企圖，這一點在稍後 DDT 的宣傳中可以再度發現，從中不難想見將農業化學與公共衛生比附的意圖。

　　根據組織章程，該廠設有正副廠長由農林部派遣外，技師比照簡任待遇，副技師比照薦任待遇，技術員比照委任待遇；另有課員、助理事務員若干人，此外得聘請農業或工業專家為特聘研究員或顧問，並配合業務之需要，在各農業重要地點設立藥械應用指導處。[26] 病蟲藥械製造實驗廠最初是政府的編制機構，所有經費皆由政府編列預算補助。但這樣的組織形式導致生產不計成本，與原有中農所實驗工廠差異不大，所以很快在 1944 年就由農林部要求改組為營業單位，屬於國營事業性質，亦即需要建立複式帳簿，嚴格計算成本收支，並希望達到營利目標。

　　對於工廠的新角色，吳福楨指出：「本廠性質為以科學方法製造防治病蟲之藥械供農民應用，以達農業增

<hr>

兩年度各項報告〉。

25　「參觀了一個工業化的農業機關」（1944 年 10 月），〈國民政府農林部病蟲藥械製造試驗廠有關廣告卷〉，上海市檔案館藏，《民國時期檔案》，檔號 Q450-1-336。

26　「農林部病蟲藥械製造實驗總廠組織規程」（1943 年 3 月），〈病蟲藥械廠組織規程〉，中央研究院近代史研究所檔案館藏，《農林部檔案》，檔號 20-52-001-01。

產之目的」，但是由於農藥及其附屬施灑設備在中國農村的使用並不普遍，「吾國農民大都守舊迷信，故在開始階段須將藥械贈送農民，供其試用，並切實指導其應用方法。俟農民發生信仰後，始可漸求普遍」。所以該廠工作係以實驗、製造、推廣三項並進，其任務實「介於農工之間，改良與推廣並重，以漸進至自立經營之途」。吳氏強調驟然改為營業性質，但因推廣與示範的成本支出極高，且顧慮農村購買力問題農藥售價甚廉，「酌收成本尚屬可能，至若全辦營業，則距離仍遠」。[27] 這些資料顯示，病蟲藥械廠所的角色，仍是由政府支持的事業，更大於具有足夠市場價值的行當，還言之，配合「國策」仍然是此時發展農業化學事業最重要的驅力。

儘管吳福楨多次表示事業未能達到獨立階段，但實際上就病蟲藥械製造實驗廠於 1943 年至 1945 年間提供給政府的收支報告中，1943 年政府投資為三八二萬九千萬元，收益為九十六萬七千萬元；1944 年投資為四三五萬四千元，收益為七六五萬三千元；1945 年投資為一千七百萬元，預估收入為二千萬元。[28] 多少能看到該廠逐漸能達成收支平衡，只是這種平衡建立在兩方面，首先是高度依賴銀行貸款，向中國農民銀行爭取的

27 「農林部病蟲藥械製造實驗廠呈」（1945 年 2 月），〈病蟲藥械製造廠 32 至 36 年組織規程〉。
28 「歷年病蟲藥劑產量統計表」，〈農業情報：病蟲藥械製造實驗場調查表；歷年病蟲藥劑產量統計表；病蟲藥械製造實驗廠供應站一覽表；農業推廣委員會 35 年以救濟麵粉獎收蝗卵、跳蝻及飛蝗數量表〉。

低利貸款，可視為是政府另一種形式的支持；其次是人事方面，仰賴中農所病蟲害系調派技師支援。

　　關於向中國農民銀行申請貸款的經營方式，1943年因全由政府撥款，且直到 11 月才正式遷入病蟲藥械製造實驗廠生產，故僅少量向中國農民銀行貸款一百萬元。[29] 然而到 1944 年 2 月，病蟲藥械製造實驗廠便擬定計畫向農行貸款三百萬元；9 月該款用罄，再度向農行貸款四百五十萬元。[30] 根據廠方所言，農行貸款對該廠經營至關重要，由於該廠設立後「衛生署及各地衛生機關與市民等，復紛向本廠訂購大量除蟲菊藥劑，殺治妨害人類健康衛生之蟲害，尤須及早製造盡量供應」，因此製造規模擴大需要資金更為殷切，獲得農行貸款後得以藉此周轉購買原料，「續製之藥械，除可防治果蟲、撲滅蚊蠅臭蟲，減少人類傳染病死亡，其利益無從估計。」[31] 在 1945 年的貸款計畫中特別指出廠方歷年均向農行周轉，且還款紀錄良好，該年為了配合政府糧棉增產政策及蔬菜增產計畫，由農林部准予貸款一千五百萬元，是年 10 月因物價高漲再核准追加一千萬。[32] 這些貸款實際上是維持病蟲藥械製造實驗廠營

29　「農林部病蟲藥械製造實驗廠呈」（1943 年 7 月），〈病蟲藥械廠 32 至 34 年向中國農民銀行貸款〉，中央研究院近代史研究所檔案館藏，《農林部檔案》，檔號 20-52-009-04。

30　「農林部病蟲藥械製造實驗廠呈」（1944 年 3 月）、「農林部病蟲藥械製造實驗廠呈」（1944 年 9 月），〈病蟲藥械廠 32 至 34 年向中國農民銀行貸款〉。

31　「農林部病蟲藥械製造實驗廠呈」（1943 年 7 月），〈病蟲藥械廠 32 至 34 年向中國農民銀行貸款〉。

32　「農林部病蟲藥械製造實驗廠呈」（1945 年 4 月）、「農林部令」（1945 年 10 月），〈病蟲藥械廠 32 至 34 年向中國農民銀行貸款〉。

運之關鍵，因此雖然至 1944 年起改為國營事業、自負
盈虧，但實際上周轉金仍由公營銀行給予政策性低利貸
款，所以政府支持極為重要。

　　以 1945 年的營業決算來看，營業收入為二二六○
萬元，其中施灑設備收入為四九五萬七千元（21.9%）、
藥劑收入為一六九六萬四千元（75.1%）、副產品收入
為六十七萬八千元（3%）；營業支出為一七二三萬九
千元；利潤達到五三六萬元，毛利率 24% 也是頗為可
觀了。[33] 病蟲藥械廠能逐步獲利，固然與藥劑及施灑設
備走上生產線大量製造後已能略有盈餘有關，但另方面
也顯示，儘管處於戰火當中，農業增產依然離不開更高
效率的化學藥劑支持。值得一提的是，雖然藥械廠多次
向政府表示經費拮据、經營困難，但是該項事業仍然能
提供戰時大後方許多研究機構經濟支援。如 1944 年底
中央研究院動物學研究所經費不足，所長王家楫致函請
病蟲藥械製造實驗廠協助，吳福楨同意由廠內收入補助
二萬元，同時代為向農林部申請給予該所水產生物研究
費十萬元，協助度過難關。1945 年病蟲藥械製造實驗
廠也持續在中農所刊物上刊登廣告，並提供每年四萬元
的廣告費做為補貼。[34] 另外，包括支持中華昆蟲學會運

33　「營業基金決算」（1945 年 12 月），〈病蟲藥械廠 34 年 1 月
　　至 35 年 2 月資金收支；營業基金決算損益表；總分類帳餘額表；
　　損益計算表；現金出納表；成本計算表；費用明細表；材料盤存
　　表〉，中央研究院近代史研究所檔案館藏，《農林部檔案》，檔
　　號 20-52-013-01。

34　「王家楫函」（1944 年 12 月），〈國立中央研究院動物研究所
　　合作研究昆蟲學向農林部申請補助經費〉，上海市檔案館藏，《民
　　國時期檔案》，檔號 Q450-1-357；「中央農業實驗所公函」（1945

作等這些事證表明，病蟲藥械製造實驗廠從實驗室走向
生產線的過程中，經過量產而商業化帶來的收益，能夠
在一定範圍內反饋給其他的學術研究團體。

　　除了周轉金仰賴政策貸款外，病蟲藥械製造實驗廠
的技術人員與中農所有密切關係。1944 年初，該廠共
有職工近八十人，其中藥械製造專門人員及職員有三十
餘人，包括正副技師、技術員及課員等，需報農林部適
用公務人員待遇。其餘技工四十餘人，由廠方自行聘
僱。[35] 從人員編制來看，屬於研究職位的技師、副技
師及技術員比例近四成，意味著該廠處於從實驗室走向
生產線的階段。這些政府部門當中的技術人員，是近
二十年來歷史學家關注的新領域。藉由技術引進、在地
化的分析，歷史學者可以更進一步觀察知識、人才的流
動網絡。特別是農業化學人才從 19 世紀經日本引進知
識，到 20 世紀上半轉變為留美團體主導，顯示極為有
趣的歷史變化。

三、農業化學技術人員的養成

　　技術官僚是目前史學界重視的課題之一，對於這些
團體的組成、養成過程、人際網絡、遷移情況，乃至政
治主張的影響等種種層面，皆希望能進一步討論。可惜
受限於個人資料不足，對於技術官僚的研究尚未能有關

　　　年 6 月），〈國民政府農林部病蟲藥械製造試驗廠有關廣告卷〉。
35　「三十三年度貸款計畫綱要」（1944 年 2 月），〈病蟲藥械廠
　　32 至 34 年向中國農民銀行貸款〉。

鍵突破。[36] 但值得注意的是，農林部檔案中保存有可觀的人才資料，或許能做為未來技術官僚群體研究之契機。農林部做為農林建設事務主管單位，在人事室、參事室等部本部單位，以及部屬獨立機構中，保存可觀的技術人員任用資料表，這些表格包含出生、籍貫、教育背景、服務經歷等基本資料，部分也涉及他們專長的技術項目。[37]

　　根據中央研究院近代史研究所檔案館建置的「近代農業技術人才社會網絡」資料庫中，目前共有一二二六人有學歷資料，其中以金陵大學人數最多，達到一一八人（9.6%），其次為中山大學五十六人（4.5%）、中央大學五十五人（4.4%）、浙江大學三十四人（2.8%）、西北農學院二十七（2.2%），及廣西大學二十四人（2%）。金陵大學做為國內現代農業人才培育的作用可見一斑。在農業人才資料中，至 1940 年代具有外國學歷者，以美國為最大宗，人數較多者計有康乃爾大學十九人、愛荷華大學七人、明尼蘇達大學、伊利諾大學各六人、密西根大學、威斯康辛大學各五人、德克薩斯大學、華盛頓大學、芝加哥大學各三人等，以及其他十九所院校，合計八十四人（6.9%）。這樣的人才結構顯示美國已成為國民政府時期，農業技術人員最主要

36　目前歷史學界對於社會關係網絡的數位人文研究仍在初步階段，曾有學者利用科學家傳記討論技術人員的教育背景，但能留下傳記者終屬於少數，見張劍，〈中國近代農學的發展——科學家集體傳記角度的分析〉，頁 1-18。如能整理分析相關資料，將能對近代中國與戰時臺灣技術官僚的結構有開創性的貢獻。

37　侯嘉星，〈中研院近史所《農林部檔案》介紹及其相關議題討論〉，頁 44-53。

的知識來源。

海外學歷排第二位的國家是日本，總計有五十四人（4.4%），其中最大宗者是東京帝國大學十四人、日本農業大學五人、北海道大學四人、東北帝大、九州帝大、早稻田等各二人。其他國家的農業技術人員，還有法國十五人、英國八人、德國二人等，但在人數規模上均無法與美、日兩國競爭。不過值得注意的是，根據學歷資料，具備美國、日本等國外學歷的技術人員，有多數乃是先在國內取得大學學歷後，才赴海外進修。因此自 20 世紀起，中國陸續建立的農業高等教育體系，對國內技術人才的培養，仍有不可或缺的角色。

相較於 19 世紀末期，中國知識分子引進西學，很大程度仰賴「東學」轉譯這樣的過程，從技術人員履歷的現象已可以發現，來自美國學歷者已佔據多數，意味著中國的新式農業科學，直接從源頭接引進入。比較兩個時期的差異，19 世紀東學的翻譯者，多半是日人或留日知識分子，在學識的養成上，介於新舊教育之間，且多半是學士學位；但在 1930 年代以後的技術人員，有不少自美國取得碩博士學位、或是在國內接受完整的新式高等教育，在知識基礎上普遍超過上一世代的東學翻譯者。換言之，技術人員履歷的轉變，也反映了新式農業科學傳遞過程的變化，以及這些學科在中國發展茁壯的經過。

履歷資料顯示，整體農業技術人員統計顯示國內大專院校培養的技術人員，以及美國學歷背景的技術人員佔據技術官僚群體的主導地位。那麼進一步從農林部病

蟲藥械製造廠的技術人員觀察，更能發現這些技術人員
多數由中農所病蟲害系技正、技佐擔任。由於檔案零散
無法重建詳細履歷，因此僅就目前所能掌握的二十五人
資料作成表 3-1 討論。其中來自中農所的專門人員均由
原單位支薪，因此不佔藥械廠的經營成本中，[38] 這也
回答了該廠何以在編制上維持規模龐大的技術人員，卻
能達成營利的原因。

表 3-1　農林部病蟲藥械製造實驗廠技術人員一覽

姓名	出生	籍貫	學歷	經歷	專長	職稱
吳福楨	1899	江蘇武進	南京高等師範學校農科畢業 1927 年伊利諾大學科學碩士	中農所技正	病蟲害防治	廠長
馮肇棠	1898	江蘇武進	1924 東吳大學理學院畢業 1932 康乃爾大學農業學碩士及博士	中農所技正 南開大學教授	病蟲害防治	副廠長
錢浩聲	?	江蘇宜興	1934 年江蘇教育學院農藝系畢業	中農所技士	病蟲害防治	技師製械組長
趙紘章	1908	浙江吳興	1932 年東吳大學農學院畢業	航空委員會技士 中農所技士	病蟲害防治	技師
盛震溯	1910	江蘇武進	1932 年中央大學農學院畢業 1935 年高等考試及格	實業部編譯 經濟部專員	農業行政農工事業管理	技師
黃至溥	1913	福建桑寧	中央大學農學院畢業	中農所技士	病蟲害防治	技師
胡永楨	?	雲南尋甸	1935 年江蘇教育學院農教系畢業 1936 年山東鄉村建設研究院結業	滇教育廳國教督導員 滇稅務管理局督察	農業推廣	技師

38　「農林部病蟲藥械製造實驗廠呈」（1943 年 8 月），〈本部中央農業實驗所錢浩聲、趙紘章、程暄生兼本部病蟲藥械廠技師等職〉，中央研究院近代史研究所檔案館藏，《農林部檔案》，檔號 20-52-004-10。

姓名	出生	籍貫	學歷	經歷	專長	職稱
吳宏吉	？	江蘇鎮江	東南大學農學院畢業	蘇、浙昆蟲局技師 川大學農學院副教授	病蟲害防治	技師
孫　枋	？	浙江杭州	1924 年金陵大學農學院畢業	金大農村師範科主任 江西省農業院專員	農業推廣	技師總務組長
岳　宗	1905	江蘇武進	1928 年浙江之江大學肄業 1936 年農業建設人員考試及格	中農所助理員 四川儲運局倉庫主任	糧倉管理及害蟲防治	副技師
吳澤霖	1912	江蘇武進	1937 年金陵大學農學院畢業	建設委員會灌溉管理局技士	農業推廣	副技師
鐘家棟	1914	江蘇南京	1937 年之江大學理學院畢業 1937-1940 中央大學化學系研究	中央工業所研究員 中央技校副教授	有機化學及殺蟲藥劑	副技師
仇鬯宣	？	湖南湘陰	1938 年中央大學農學院畢業	江津縣立職校主任 農促會技士	農業推廣	副技師推廣組長
蔡子定	1915	湖北監利	1939 年南開大學化學工程系畢業	黃海化工研究員 中農所技佐	病蟲藥劑之研究與製造	副技師
程暄生	1917	江蘇無錫	1939 年金陵大學化學工程系畢業	中農所技佐	化學藥劑製造	副技師製藥組長
饒欽與	？	四川巴縣	北平大學畢業	中農所技佐 農促會技士	農業推廣	副技師
劉後利	？	湖北漢陽	1939 年中央大學農學院畢業	中央大學助教兼實習農場主任	農業推廣	副技師
馬傑三	1912	安徽滁縣	金陵大學農業專修科畢業	四川省農業改進所督導員	農業推廣	技術員
郭克裘	1913	江蘇海門	1937 年中華職業學校畢業	貴州公路局機械廠機務員	機械製造	技術員
郭智澄	1914	湖北沔陽	1941 年四川教育學院農教系畢業	日用化學工藝社保管組組長	農業推廣	技術員
劉親鼎	1914	四川威遠	四川大學化學系畢業	經濟部工礦調整處技術員	機械製造	技術員
張學祖	1916	湖北黃陂	1941 年武昌中華大學生物系畢業	武昌博文中學教員	病蟲防治	技術員
蕭慶璞	1918	江西泰和	1943 年四川大學農學院病蟲害系畢業		植物病理	技術員

姓名	出生	籍貫	學歷	經歷	專長	職稱
萬鶴群	1919	江蘇武進	1941 年中央大學工學院畢業	大公職業學校機械科教員	農業機械設計及製造	技術員
吳起亞	?	安徽桐城	中央大學農藝系畢業	中大農學院助教	病蟲害防治	技術員

資料來源： 依「農林部農業人才調查表」（1945 年 4 月），〈34 年
中央農業實驗所、病蟲藥械防治廠、南川耕牛場、寧夏
省推廣繁殖站農業人才調查表〉，中央研究院近代史研
究所檔案館藏，《農林部檔案》，檔號 20-11-041-02；上
海市檔案館藏，《民國時期檔案》，Q450-1-2 至 Q450-
1-117 各件履歷表作成。

　　廠長吳福楨，別號雨公，江蘇武進人，畢業於江蘇
第一農校、南京高等師範學校農科；1927 年取得美國
伊利諾大學科學碩士。回國後先擔任江蘇省昆蟲局主任
技師、金陵大學教授，中農所成立後擔任病蟲害系主
任、江蘇省立教育學院農教育科主任，1936 年兼任浙
江大學農學院院長，在戰前農業病蟲害防治與農業化學
工作中有舉足輕重的地位。由於吳氏同時管理中農所事
務，廠內實際負責經營工作的，是副廠長馮斅棠。馮斅
棠，字季梁，江蘇武進人，1924 年東吳大學理學院畢
業，擔任東吳大學、南開大學助教。1930 年前往美國
康乃爾大學攻讀昆蟲學，1932 年取得博士學位。1933
年返國後先服務於南京市衛生署，後擔任南開大學教
授、中農所技正等職。[39]

　　從表 3-1 資料分析可以發現，在人員結構上有技師
九人、副技師八人以及技術員八人，分別對應簡任、薦
任與委任公務員，因此技師副技師佔比重逾六成以上，

39　橋川時雄編，《中國文化界人物總鑑》，頁 569。

符合廠名稱中揭櫫的「製造實驗」目的。吳福楨對於給
以較高待遇以延攬專門人員十分堅持，1947 年病蟲藥
械廠北平分廠成立時，銓敘部認為應該修正降低技術人
員待遇，吳氏以「北方防除農業病蟲害工作至為重要，
為事業前途發展計，必須有專門及富有聲望之人才主
持……本廠技術工作必須以專門人才充任，此項專門人
才非系大學名教授，即為農業專家或係機械名工程師，
資望甚深不易聘請」為由，要求維持原有待遇。[40] 爭取
研究人才加入農化製造事業中，可說是該廠一直以來的
方針。

　　其次，再由相關人員經歷可以發現，其中九人同時
是中農所技正、技佐或助理員。1945 年時有三十七人
的病蟲害系，是中農所當中人員編制最大的部門，派駐
各地農業推廣機構人員、調撥病蟲藥械製造實驗廠從事
製造工作者也占有一定分量。[41] 由於病蟲害系主任吳福
楨身兼廠長，亦即除在成都東淨居寺四川農業改進所內
的實驗工廠外，病蟲藥械製造實驗廠亦為其事業之一，
由此可以看到中農所對此之重視與決心。

　　最後從這些技術人員的背景分析，能掌握的二十五
人中，僅有二人（馬傑三、郭克裘）為專修科或職校
畢業，其餘都是 1930 年代以後國內大學畢業，尤其以

40　「修正本廠組織規程意見」（1947 年 3 月），〈病蟲藥械廠 35
　　至 36 年組織規程〉，中央研究院近代史研究所檔案館藏，《農
　　林部檔案》，檔號 20-52-026-01。

41　「視察中央農業實驗所報告」（1945 年 5 月），〈農業推廣委員會、
　　中央農業實驗所、病蟲藥械製造廠視察報告〉，中央研究院近代
　　史研究所檔案館藏，《農林部檔案》，檔號 20-42-062-01。

東南大學（中央大學）、金陵大學為主，符合這二所學校培養近半民國時期農業技術人才的說法。[42] 除年齡較大的吳、馮二人外，其他技術人員多半是民國以後才出生的青年人才。在籍貫方面，來自江南地區的武進、宜興、無錫、鎮江及南京等地者有十人，其中九人擔任技師、副技師等高級職位；換言之，這些在戰前已從事農業病蟲害防治工作，戰時隨之遷移到大後方的技術人員，構成農業化學藥劑生產的主體。戰前江浙地區新式農業之發達，由此不難想見。

　　至於屬於較年輕一代的副技師及技術員，明顯看到多半是抗戰期間完成學業，畢業自農藝系、病蟲害系及化學系等，部分曾輾轉服務於公私營單位，而後再進入中農所服務。這些二十至三十歲的技術人員籍貫背景較為多元，除了具有學科知識外，也多半有農村推廣、工業製造等經驗，代表第二代中國新式高等教育培養出的農業技術人才。

　　當時病蟲藥械製造實驗廠是國民政府範圍內最具規模的農業化學藥劑製造廠，因此也匯集最多的技術人員。若比較當時由病蟲藥械製造實驗廠給予補助，附屬於廣東省推廣繁殖站的小型農藥工廠，同樣創立於 1943 年中，與中山大學農學院合作，由該校教授趙善歡主持（1939 年康乃爾大學農學博士），該廠僅有技術人員三人，分別是鄧惠卿、胡慶永及顏雄飛，均畢

42　張劍，〈中國近代農學的發展──科學家集體傳記角度的分析〉，頁 1-18。

業於中山大學農學院。[43] 因此在技術交流、人員合作
上，病蟲藥械製造實驗廠明顯具有相當優勢。

　　病蟲藥械製造實驗廠也維持了抗戰時西南地區昆蟲
及植物病蟲害研究的學術交流平台。1944 年 10 月中華
農學會舉行大會，會中同時成立中華昆蟲學會，通訊處
就設在重慶李子壩廠內。20 世紀以來的植物病蟲害學
術團體，最早是 1920 年成立的六足學會及中國昆蟲學
會，但抗戰發生後這些學會已無活動。為了延續害蟲防
治研究，藥械廠號召隨政府前往西南地區的技術官僚、
學者等共襄盛舉，九名發起人分別是鄒樹文、祈介六、
鄒鐘琳、陳世驤、黃其林、吳福楨、馮勠堂、于菊生、
黃至溥，這些都是當時中國著名的農業化學、植物病蟲
害專家，其中三人是病蟲藥械製造實驗廠技術人員，更
顯示該廠與學界的密切關係。[44]

　　會議交流同樣十分重要，病蟲藥械製造實驗廠技術
人員經常召開內部的學術研討會，輪流報告研究成果、
讀書心得，藉此維持學術研究能量。以 1944 年秋季學
術會議為例，討論如何解決中國耕地狹小的問題，與會
者分別談到農業工業化、機器利用、混合農業以及糧食

43　「農林部廣東省推廣繁殖站呈」（1943 年 7 月），〈32 至 33 年
　　充實病蟲藥械製造人員〉，中央研究院近代史研究所檔案館藏，
　　《農林部檔案》，檔號 20-42-120-03。

44　「中華昆蟲學會公開函」（1944 年 10 月），〈國民政府農林部
　　病蟲藥械製造實驗廠有關中華昆蟲學會公文〉，上海市檔案館藏，
　　《民國時期檔案》，檔號 Q450-1-214；「三十三年十月份工作簡
　　報表」（1944 年 10 月），〈33 年度工作月報及季報〉，中央研
　　究院近代史研究所檔案館藏，《農林部檔案》，檔號 20-52-021-
　　03。

自給等問題。[45] 廠內也經常舉行討論會，例如 1945 年
初召開的技術及推廣會議，會議中邀請即將赴美實習農
林礦業人員出席，研究赴美時須注意的重要技術；以集
訓赴美實習農業人員為目標的中國農業機械公司農業機
械研究班，該年 3 月也派員至病蟲藥械製造實驗廠參
觀，雙方技術交流合作。[46] 1945 年廠方與中華昆蟲學
會、中農所病蟲害系召開昆蟲事業座談會，眾多國內的
農業專家、昆蟲學者參與會議。[47] 這些會議有些涉及生
產製程的討論、有些是農村經濟的分析，更有不少是研
究與進修經驗分享，代表該廠的運作與其說是一處工
廠，毋寧說是一個學術機構，既有前沿的生產技術，更
有頂尖的學術社群，這是探討新知識引進與在地化課題
時，極為有趣的研究案例。

　　此外，病蟲藥械製造實驗廠也計畫延聘專家來華。
特別是考慮到當時國內技術大致上已有能力生產無機化
學藥劑，但對於有機藥劑仍有許多不足之處，所以聘請
美國農業專家迪爾（John Deal）、沃克（Walker）等來
華協助製造有機化學藥劑。[48] 從中可以看到 1940 年代

45 「三十三年秋季學術會議紀錄」（1944 年 7 月），〈國民政府
　　農林部病蟲藥械製造實驗廠計劃案卷〉，上海市檔案館藏，《民
　　國時期檔案》，檔號 Q450-1-308；「三十四年上半年工作進度檢
　　討報告表」（1945 年 7 月），〈34 年度工作月報及季報〉，中
　　央研究院近代史研究所檔案館藏，《農林部檔案》，檔號 20-52-
　　022-01。
46 「三十四年二月工作簡報表」（1945 年 2 月）、「三十四年三月
　　工作簡報表」（1945 年 3 月），〈34 年度工作月報及季報〉。
47 「三十四年四月工作簡報表」（1945 年 4 月），〈34 年度工作
　　月報及季報〉。
48 「敦請美籍專家來華協助研究製造殺蟲殺菌藥劑計畫草案」

中期，受到國際化工技術轉型的影響，中國的生產也處於從無機藥劑轉向有機農藥的階段，病蟲藥械製造實驗廠在技術人員方面維持可觀的規模，也與此一轉變摸索過程有關。

　　當然，除了製造生產之外，如何向農民大眾推廣農業化學藥劑，更是此一事業成敗的關鍵。明治日本的農業藥劑與機器推廣，仰賴政府設置的各地農事試驗場與業者、農民之間的合作。[49] 金陵大學、中央大學也在各地設立農事試驗場，一方面做為農學院教學基地，另方面也成為各種新產品推廣的中心。以金陵大學為例，除了 1916 年成立時在南京城外的試驗場外，至 1940 年代共設有另外二十八處試驗場、推廣中心，可見農業試驗、推廣事業在新式教育中的作用。[50] 戰前國民政府在江蘇、浙江、江西以及廣東的各省昆蟲局，已肩負農業化學製劑推廣工作，另外中農所也在各地推廣化學藥劑，但真正形成體系，必須等到戰時病蟲藥械製造實驗廠成立後，進入穩定量產後形成的推廣體系，也使國家力量更為深入農村。

　　（1945 年 7 月），〈國民政府農林部病蟲藥械製造實驗廠聘請美籍殺蟲藥劑專家狄爾卷〉，上海市檔案館藏，《民國時期檔案》，檔號 Q450-1-243；「三十四年七月工作簡報表」（1945 年 7 月），〈34 年度工作月報及季報〉。

49　勝部真人，《明治農政と技術革新》（東京：吉川弘文館，2002），頁 54-56。

50　李瑛，《民國時期大學農業推廣研究》，頁 92-93。

四、國家主導的推廣體系

中農所在病蟲藥械製造實驗廠成立以前，即已在成都恢復農藥及施灑設備的生產，只是當時產量十分有限。彼時主要生產中農砒酸鈣（防治菜蟲）及碳酸銅（主要防治麥病）。[51] 前者作法十分簡單，係研磨砒石後將之與石灰混合即成；後者作法較為複雜，需要利用硝酸浸泡銅屑，而後經過氫水或碳酸鈣加工而成，過程中經常產生有毒氣體，因此需要專門廠房生產。[52]

從表 3-2 所統計，1939 至 1945 年藥劑生產種類數量能看到 1943 年設廠之前，在中農所的實驗工廠中化學藥劑產量較為有限；但 1943 年擴大生產後，做為主力的中農砒酸鈣產量明顯提高，意味著該項產品走上生產線。另外值得注意的是，在病蟲藥械製造實驗廠產品中，環境衛生用藥如蚊香、臭蟲粉、臭蟲水、碳酸鋇等為數頗多，與該廠宣稱的，各地衛生單位紛紛前往訂購的說法相符，也顯示農業化學產品與公共衛生之關係，可以呼應該廠綠十字商標欲傳達的與紅十字對應的意圖。

---

51 「三十二年五月份工作簡報表」（1943 年 5 月），〈34 年度工作月報及季報〉。

52 「三十三年度政績比較表」（1945 年 1 月），〈33 年度政績表〉，中央研究院近代史研究所檔案館藏，《農林部檔案》，檔號 20-52-021-04。

表 3-2 1939-1945 年農林部病蟲藥械製造實驗廠生產統計

藥劑種類	單位	1939年	1940年	1941年	1942年	1943年	1944年	1945年
中農砒酸鈣	斤	2,600	2,053	4,500	6,750	13,950	17,334	19,606
砒酸鉛	斤		300	450		50	333	106
碳酸銅	斤	1,650		1,300	3,000	4,500		
硫酸銅	斤						2,440	3,319
波爾多粉	斤						105	
植物油乳劑	斤	20,000		230		15	5	
各式蚊香	組					24,510	32,254	12,220
臭蟲粉	斤						65	102.5
臭蟲水	加侖						30	40
碳酸鋇	斤						174.5	23
塗蟲膠	斤			15			50	
噴霧器	具				1,000	562	70	350
灑粉袋	個				135			
捕鼠器	個			270	135	60	42	58

資料來源：「歷年病蟲藥劑產量統計表」（1946 年 3 月），〈病虫藥械廠歷年生產及推廣情形〉，中央研究院近代史研究所檔案館藏，《農林部檔案》，檔號 20-52-020-26。

受限於技術及設備，戰時病蟲藥械製造實驗廠只能生產無機農藥。產量最大的中農砒酸鈣主要防治蔬菜害蟲如青蟲、棉大捲葉蟲、猿菜蟲等，用法是一斤藥粉混合三斤細石灰，利用噴粉器或灑粉袋施灑於作物葉片上，每斤約可灑一畝地。砒酸鉛主要防治果樹上各種食葉食花果害蟲，產量不多。砒酸銅防治麥類黑穗病等種苗傳染性病害，在麥類種子播種前先用藥液稀釋浸泡二分鐘即可。硫酸銅與波爾多粉差不多，用以防治真菌，可用於果樹、馬鈴薯及葉菜類上，在 1944 年後成為病蟲藥械製造實驗廠重要藥品。至於屬環境用藥的臭蟲粉、臭蟲水等多半使用砒類及除蟲菊混合製成，用來消滅住宅周圍的臭蟲、跳蚤及孑孓等病蟲。使用說明中也

指出此這些化學藥劑有毒，慎防小孩家畜入口。對個別藥劑特別強調，如中農砒酸鈣，應於蔬菜採收半月以上使用；砒酸銅吸入容易發生嘔吐須以布掩口、拌藥後之麥種已具有毒性，不可再供人畜食用等說明字樣。[53]

　　病蟲藥械製造實驗廠製造藥劑和機械的原料，1944年前往參觀的記者注意到「百分九十採用國內的土產，作者看到他們正在椿碎一塊塊的紅石頭，這就是湖南的土產紅砒，是一種應用最廣的殺蟲藥劑原料。」此外也使用四川鹽業提煉的剩餘產物，製成毒鼠藥劑碳酸鋇及砒酸鋇。生產方針是，「非但想盡方法多用土產，而且要減輕成本不加重農民的負擔，這樣才能使病蟲藥械普遍應用於農村。」當時的生產條件十分簡陋，因為缺乏金屬或玻璃實驗製造設備，藥械廠技術人員以陶器做為容器、竹管代替自來水管。[54] 圖 3-1 藥械廠在《現代農民》上刊登的廣告，同樣可以看到有「利用國產原料，製造病蟲藥械；應用科學方法，增加農業生產」的廣告詞，原本廣告手稿中強調原有該廠「出品名目繁多，不能備載，歡迎函索」字樣，被改為「其他小型農具亦可預約代製」，[55] 也透露該廠轉為事業單位後，為了營利尋求生產各種能賺錢的產品。

---

53 「農林部病蟲藥械製造實驗廠出品一覽表」（1946 年 4 月），〈國民政府農林部病蟲藥械製造試驗廠文書室各種存案件〉，上海市檔案館藏，《民國時期檔案》，檔號 Q450-1-355。

54 「參觀了一個工業化的農業機關」（1944 年 10 月），〈國民政府農林部病蟲藥械製造試驗廠有關廣告卷〉。

55 「吳福槇函」（1943 年 10 月），〈國民政府農林部病蟲藥械製造試驗廠有關廣告卷〉。

圖 3-1　藥劑廠銷售廣告

 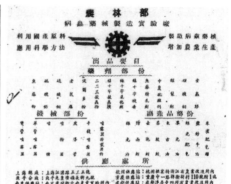

說明：左圖為刊登於 1944 年 5 月的廣告，右圖是刊登於 1947 年 10
　　　月的廣告，可以看到產品部分有很大不同。
資料來源：《現代農民》，卷 7 期 5（1944 年 5 月），廣告頁；《中
　　　　　華昆蟲學會通訊》，期 1（1947 年 10 月），廣告業。

　　做為重要原料的砒石在戰時供給也頗為緊張，「製
藥原料自今年六月長沙戰事再起以後，紅砒來源斷絕，
重慶市價較去年驟漲十餘倍。除蟲菊以用途拓展，市價
亦激漲至十倍。其他如燃料、硫酸、人工等等，亦因
一般物價之高速上漲，莫不增至四五倍」，且因產品在
西南各省「農民之需要大增，推廣範圍已由成渝附近而
及於川省之各縣，且復由四川而及於陝、甘、滇、黔、
桂、湘等省⋯⋯將農民最需要之中農砒酸鈣等，酌量
增至三分之二以應各地農民之需求。」[56] 這些資料說明
病蟲藥械製造實驗廠考慮實際農村需要，調整生產方
針，因此推廣體系中來自使用者的訊息，對工廠生產

56　「農林部病蟲藥械製造實驗廠書函」（1944 年 8 月），〈病蟲藥
　　械廠 33 年營業計畫及預算〉，中央研究院近代史研究所檔案館
　　藏，《農林部檔案》，檔號 20-52-012-02。

十分重要。

在藥劑生產之外，病蟲藥械製造實驗廠另外一個重要任務是發展製藥原料。當時已認識除蟲菊、雷公藤等有毒植物，也試驗黃杜鵑、苦葛、苦楝等植物的藥效。新廠成立後中農所移植部分除蟲菊幼苗至重慶，且進行品種研究，自 1943 年 11 月至 1944 年 3 月間，分別在北培合作農場、中央工業學校、沙坪壩農場等處培植除蟲菊苗四十萬株。[57]

最後，在生產方面值得一提的案例是 DDT 製造（又稱為 223 劑），充分顯示藥械廠生產事業受到國際技術影響，處於從實驗室到生產線的中間階段，同時扮演了試驗新藥及從事量產的雙重角色。1940 年代因戰爭的緣故，國際間注意到 DDT 藥劑消滅昆蟲的效果驚人，逐漸用於農業生產上。至 1944 年底病蟲藥械製造實驗廠技師已實驗 DDT 製作，至 1946 年初正式投產。[58] 在試製接近成功階段時，病蟲藥械製造實驗廠請中華農學會、農林部農業推廣委員會在會報、通訊及農業推廣通訊等刊物上刊登 DDT 成功製造之新聞稿：

　　DDT 與盤尼西林為此次大戰中兩大重要發明，此

57　「三十二年四月份工作簡報表」（1943 年 4 月），〈病蟲藥械廠 31、32 兩年度各項報告〉；「三十三年一月份工作簡報表」（1944 年 1 月）、「三十三年第一季工作檢討報告表」（1944 年 1 月），〈33 年度工作月報及季報〉。

58　「三十四年一月工作簡報表」（1945 年 1 月），〈34 年度工作月報及季報〉；「雷男函病蟲藥械製造試驗廠」（1946 年 1 月），〈國民政府農林部病蟲藥械製造試驗廠有關 DDT 試製經過及成功情況〉，上海市檔案館藏，《民國時期檔案》，檔號 Q450-1-292。

二種藥物，效力之神奇，已轟動全世界。其對於
人類生命之救治，與幸福之改善，貢獻之大無與倫
比。按盤尼西林為人醫用藥，已為國人所習知，且
已在各大醫院中應用。DDT 為一種殺蟲劑，國人
知者尚鮮，盟軍曾在突尼西亞及塞班島大規模應
用，以掃除衣虱與蚊蟲（查此為叢林及熱帶作戰之
最大障礙，軍民死亡之多，實勝於槍彈），竟能將
此類害蟲殺得「片甲不回」，軍人與民眾無不嘆服
其效力之神奇。按此項藥劑，對於防治臭蟲、蚤、
蝨、蚊蠅等室內害蟲，效力最著。對於若干農作物
害蟲，亦屬有效……我國農業與衛生方面之專家，
亦正急起直追，從事研究，最近農林部病蟲藥械製
造實驗廠，獲得兵工署之合作，供應適量之原料，
業已製造成功並試用於臭蟲及蒼蠅等各種農業與衛
生方面之害蟲。[59]

　　將 DDT 與盤尼西林並列，不難讓人想起藥械廠選
擇的「綠十字」商品，同樣也試圖與紅十字並列。所以
對病蟲藥械製造實驗廠的技術員而言，他們希望彰顯的
是農業化學事業不僅僅只是化學工廠，同時還擔負農業
增產、公共衛生的任務。在重慶工廠製造的 DDT，係
由向兵工署與自來水廠購買原料氯氣製成三氯一醛及
一氯化苯結合，因相關原料中國無法購得，生產試驗

---

[59] 「農林部病蟲藥械廠新聞稿」（1945 年 12 月），〈國民政府農
林部病蟲藥械製造試驗廠有關廣告卷〉。

需要從最基礎的原料開始合成。[60] 另外，一氯化苯是做為 20 世紀中葉重要農藥多氯聯苯（又稱為 666 粉）的中間體，因此 DDT 的製造成功，同時意味著病蟲藥械製造實驗廠也有能力生產多氯聯苯這種劃世紀的重要農藥。

　　病蟲藥械製造實驗廠成立之初，一方面著手規劃大量生產化學藥劑，另方面也設立推廣銷售組織。這些推廣組織十分重要，扮演了將農業化學從生產線推展至田間實作的角色，也將這些實作的經驗反饋給研究端與生產端：

> 我國農民習於迷信，每以病蟲為天災，一旦易以科學方法從事防治，自須由政府遴選多數技術人員，派在各地指導。而藥械供應尤須力謀便利，廣為推行，俾本廠出品之應用得以普遍深入農村。本廠為達成此項目的，擬在後方各省市設立一處至數處至藥械供應站，擔任指導農民應用藥械防治病蟲，並供應銷售本廠所出各種藥械之任務。供應站之下復設立多數代售處，分佈各地，如是則藥械推廣與供應，在中央有本廠專司其事，在地方則各省有供應站之設，其下復有各地代售處之普遍成立，以直達於農民。全國脈絡相通，可構成一廣大嚴密之供應網，以與本廠製造部門相配合，農民與本廠因此可

60　「三十四年上半年工作進度檢討報告表」（1945 年 7 月），〈34年度工作月報及季報〉。

發生密切之聯繫……擬即聘請各省現任病蟲防治指
導之主持人兼任本廠藥械供應站主任職務，另聘現
任中級病蟲指導員兼任本廠特約指導員，藉謀藥械
供應與指導防治打成一片。[61]

　　此一體系被稱為是三級供應制，即「藥械廠－供應
站－代售處」的結構，既與農業促進委員會、各地農業
改良所合作，也派廠內人員至各地推銷，同時委託當地
「殷實商家及開明農戶」辦理藥劑銷售事宜。[62]

　　1944年藥械廠的生產穩定後，即於大後方各地成
立九個供應站，分別是廣西供應站（柳州，負責人柳支
英）、湖南供應站（耒陽，吳遜三）、貴州供應站（貴
陽，劉廷蔚）、陝西供應站（西安，李國楨）、川西供
應站（成都，吳澤霖）、重慶供應站（李子壩，鄭同
善）、瀘縣供應站（蕭天齊）、川北供應站（射洪，
傅勝發）、北培供應站（朱鳳美）。[63] 這些供應站主任
中，如劉廷蔚、傅勝發、朱鳳美等都是中農所病蟲害系
的人員，與研究機構關係十分密切；從空間位置也能看
到推廣的重心以川省為主。

61　「農林部病蟲藥械製造實驗廠呈」（1943年8月），〈病蟲藥械
　　廠水利工程、旅費撥款；生活補助費〉，中央研究院近代史研究
　　所檔案館藏，《農林部檔案》，檔號20-52-010-02。
62　「三十七年八月份工作簡報表」（1948年8月），〈37年7、8
　　月工作簡報〉，中央研究院近代史研究所檔案館藏，《農林部檔
　　案》，檔號20-52-025-04。
63　「農林部病蟲藥械製造實驗廠呈」（1944年7月），〈病蟲藥械
　　製造廠32年3月至35年5月成立〉，中央研究院近代史研究所
　　檔案館藏，《農林部檔案》，檔號20-52-001-04。

供應站推銷的情況，或許可由副廠長馮斅堂所言，成都供應站曾經發生搶購藥劑的故事一窺究竟：「農民經驗地明瞭用砒酸鈣防除菜蟲，最有功效。一大批一大批的農民，白天擁擠在供應站爭搶購買，很多的人在夜裡也在等著，他們唯恐買不到，所以拚命地擠耐心著等，有時廠裡的出品趕製不及，不夠供應，竟有農民向推廣員叩頭，懇求先賣一點給他。」[64] 從病蟲藥械製造實驗廠幾次向農行貸款增加中農砒酸鈣產量，多少能印證此說。

省級的供應站屬於三級供應制的中間階段，至於再下一級的各地代售處數量更為龐大，川省內已知有重慶三十一處，華陽十七處，合川、新都、江津各十五處，培陵十一處，成華九處，樂山、廣漢各八處，雙流七處，宜賓、瀘縣、萬縣、巴縣各六處，內江、新津各五處，白沙、溫江各四處，射洪、金堂各三處，酆都、郫縣各二處，永川、廣安、長壽、崇寧各一處，共一九二處；合計西南各省已有三百多處代售站。[65] 藥械廠供應的產品除了農藥之外，尚有為數眾多的臭蟲水、蚊香、毒鼠藥及捕鼠籠等環境用藥。這些產品與公共衛生關係密切，同時也具有可觀市場，1944 年及 1945 年間病蟲藥械製造實驗廠與成都市警局及重慶市衛生局合作

---

64 「參觀了一個工業化的農業機關」（1944 年 10 月），〈國民政府農林部病蟲藥械製造試驗廠有關廣告卷〉。

65 「菜蟲防治推廣藥械供應站統計表」，〈國民政府農林部病蟲藥械製造實驗廠有關各地供應站及負責人名冊〉，上海市檔案館藏，《民國時期檔案》，檔號 Q450-1-164；「三十二年十一月份工作簡報表」（1943 年 11 月），〈病蟲藥械廠 31、32 兩年度各項報告〉。

辦理滅鼠運動，同時供應這些藥品器材。[66] 因此藥劑產品實際購買對象，同時包含了城市與鄉村居民，這也說明推廣站在重慶市特別多，除了地緣因素外，也和產品及消費族群有關。

小結

　　做為現代農業重要部分的農業化學事業，建立在對自然界礦物或有機作物的萃取加工上，達到防治病蟲害、提升農業生產的目的。東亞的農業化學試驗，其源頭來自於歐美的化學知識發展，在 19 世紀下半經日本轉譯後進入中國，使「東學」儼然成為中國學習新式農業的重要窗口。日本推行新式農業的成功，與研究機構成立、資本家投入有關，當然也跟國家政策的扶植有密切關係。明治政府開始，設置的農事試驗所借助各種農業化學產品的幫助，達成農業轉型。中國受到晚清民初政局動盪、學術研究及商業投資不足的困境，在農業化學加工產業上明顯不及日本甚多，但在 1920 年代以後，國家力量介入和戰時體制的需要，推動了農業化學事業的發展。

　　自 1920 年代起，在政府支持下，中央及地方機關已陸續展開病蟲防治事業。1920 年代初期，東南大學、浙江大學的農學院，與省政府合作設立的昆蟲局，可以

66　「三十四年五月工作簡報表」（1945 年 5 月），〈病蟲藥械廠 31、32 兩年度各項報告〉。

視為此一事業的發端。江、浙兩省的昆蟲局，大半研究能量依賴大專院校的專家，其本身的經費與人員編制也極為有限，能達成的試驗、生產與推廣目標，自然不能太過期待。然而這些機構的出現，也顯示中國當時農業的困境，必須求助於農業化學技術，才能突破瓶頸。1931 年中農所成立，隨即在洛克菲勒基金會的支持下設立簡易實驗工廠，是國營農業化學事業的開端。雖然這座工廠十分簡陋，經費也來自於國外基金的挹注，但在藥劑製造和施灑器械生產上，仍取得初步成果。可惜的是，此一發展受到中日戰爭影響，僅維持二至三年而已，未能真正看到其成果。直到戰時在重慶新成立的病蟲藥械製造實驗廠，才整合科學嘗試與大量製造，真正反映從實驗室走上生產線的過程。

　　從此一階段農林部的技術官僚教育背景分析可以發現，19 世紀下半新式農業知識來自日本轉譯的「東學」影響力大幅減少，取而代之的是大量留美的技術人員，以及國內在 20 世紀以來培養的技術人員。以美國伊利諾大學為例，從該校畢業服務於農林部的技術官僚共有鄒樹文、薛培元、穆玥湘、吳福楨、蔡繼賢、汪國興等六人，這些人有從事農業高等教育，如薛培元曾擔任河北省農學院院長、中央大學農學院院長；蔡繼賢任教於南通學院、廈門大學。亦有從事實際技術工作者，如吳福楨投入病蟲害防治，主持國營農藥工廠；汪國興專長畜牧獸醫，長期在西北地區、中央畜牧實驗所任職。他們多半身居高位，對中國的農業政策、農業化學生產，或是農牧教育等發揮關鍵作用。這也顯示農業知識轉譯

的過程中，來自「東文學社」快速培訓、翻譯書籍的作法，已滿足不了日益複雜的農業化學知識需求。從中農所和病蟲藥械製造實驗廠的運作來看，學會組織、內部讀書會與專業期刊，構成新的農業技術平台，培養新一代的農業化學人才。

國家主導的農業化學事業，除了從實驗室到生產線外，最重要的是行政部門建立的推廣體系。戰前中農所或各地昆蟲局及大專院校，各自進行農業化學藥劑施用的試驗，當然也有零星成果。但戰時國家動員體制下，病蟲藥械製造實驗廠結合更完善的產銷體制，並與農業行政部門密切合作，對農業化學事業的推進有更大作用。

雖然是農業化學事業從實驗走向量產的先驅個案，但病蟲藥械製造實驗廠並非 1940 年代中國唯一的現代農藥工廠。中日戰爭爆發後，位於日本控制下的華北，也面臨戰時體制下農業增產的需求，防治病蟲害成為必要克服的問題。1938 年日本農藥株式會社已在北京市東郊建立北京支社工廠，[67] 該公司成為日本在占領地恢復農業生產的重要助力。

北京支社的工廠，從 1939 年起至 1945 年間累積在華製造砒素製劑（砒酸鈣等）二三六萬八千萬公斤、除蟲菊劑六十二萬三千公斤、銅製劑（波爾多粉）一八五萬五千公斤以及地利斯製劑（魚藤粉）九十五萬八千公

67　日本農藥株式會社，《增資目論見書》（大阪：日本農藥株式會社，1949），頁 1-15。

斤，另外還有各式噴霧器七萬五千具，產品直接出售華北農民，或交由華北政務委員會分配。[68] 雖然日本農藥會社的產量遠大於病蟲藥械製造實驗廠，但就生產技術而論，二者產品差異不大，都以便於取得原料、加工程序簡單，以及成品價格低廉的無機化學產品為主；惟產量擴張意味著從實驗室到生產線的過程中走得更遠。1945 年農林部針對病蟲藥械製造實驗廠的視察報告也指出，該廠實際農用藥劑生產遠未達設備飽和，反而是為了經營需要，生產大量蚊香、臭蟲水及毒鼠藥等，占用一定產能，所以建議病蟲藥械製造實驗廠應專注於藥劑生產，且由政府投資更進一步擴大規模。[69]

　　1945 年戰爭結束之後，農林部接收淪陷區內大量日本工廠，在農業藥劑生產上取得產品技術的突破。然而也因為接收與生產轉移，造成原有的推廣體系中斷，產生新的經營困難。這些變化顯示國家力量介入新產業後，固然產生莫大機遇，但往往也伴隨著可觀挑戰，從中也能觀察到新興事業建立過程裡的複雜關係。

68　「敵偽農藥公司業務概況」，〈17 至 35 年統計調查；病蟲害報告〉，中央研究院近代史研究所檔案館藏，《農林部檔案》，檔號 20-07-067-06。

69　「視察病蟲藥械製造實驗廠報告」（1945 年 5 月），〈農業推廣委員會、中央農業實驗所、病蟲藥械製造廠視察報告〉，中央研究院近代史研究所檔案館藏，《農林部檔案》，檔號 20-42-062-01。

第四章　戰後接收重建的機會與挑戰

　　過去學界對於戰後接收與經濟變動的相關研究，可以說多半從政治、軍事、經濟及教育等方面討論接收工作之進行，特別是經濟問題向為研究者重視，如林桶法指出戰後接收存在人手不足、技術落後、經費拮据、產權糾紛等問題，但也肯定經濟接收對於國家資源的挹注，以及生產事業的推進。[1] 這些研究中，多半以事後結果論，大抵不脫針對國民黨接收處置不當、官員貪汙腐敗的批評。[2] 不過，晚近亦有研究者從不同角度，探討國民黨政府對接收缺失的因應，[3] 筆者過去針對江南地區兩家國營農業機器事業接收的研究，接收工作進行的同時，政府取得大量資產進行分配與重新運作，自然帶來國家力量極大增長。然而這種機遇，更伴隨著挑戰，諸如技師與工人的安排、產銷體系的變動，甚至技

1　林桶法，《從接收到淪陷——戰後平津地區接收工作之檢討》（臺北：東大書局，1997），頁 119-167。

2　汪朝光，〈國民政府對抗戰勝利之初期因應〉，《抗日戰爭研究》，2003 年第 2 期，頁 1-28；邵先崇，〈抗戰勝利後國民黨政風腐敗及有關問題〉，《史學月刊》，2002 年第 5 期，頁 127-128。

3　周峰，〈抗戰勝利後受降與接收日占區問題再探——新政治史視角的考察〉，《安徽師範大學學報》，2015 年第 5 期，頁 622-630；郝昭荔，〈挽救頹象的努力：戰後國民政府魯豫區清查團在青島的清查接收〉，《社會科學研究》，2018 年 3 期，頁 166-716。

術因戰爭而有很大突破時，戰後的生產線如何調整等，都是過往國家未曾經歷過的。[4] 所以如果希望進一步了解戰後國家重建的機會與挑戰，應該從更具體的個案以及整體時代脈絡加以考察。

目前對於戰後接收相關的研究，均指出戰後接收的混亂是國共戰局逆轉之關鍵。在分區接收中，江南的京滬區是相關資料較多，討論也較為全面的區域；華北區與東北區則是呈現學者普遍認識到其重要性，但受限於史料，難以深入討論其具體接收與復員方針。農林部病蟲藥械製造實驗廠做為農林部底下恢復農業生產、防治病蟲害的重要單位，在戰後接收之中自然也扮演一席之地，一口氣增加了上海、北京及瀋陽三處工廠，如何經營自然成為分析農業化學事業在中國發展脈絡的重要線索。

隨著 1944 年底戰局露出曙光，農林部陸續制定收復區的農業復員計畫，戰後糧食增產與穩定社會的目標下，減少病蟲害損失是一大關鍵。具體辦法分為兩期，第一期準備階段是 1945 年 1 月至 1946 年 6 月，以擴充藥械廠及中農所實驗工廠的製造能力為目標；第二期是 1946 年中約一年半之恢復階段，在各地推廣農藥，減少農業損失，進而提高農民收入。在第一階段的準備期間，擬將建設南京藥械廠、增設長沙病蟲藥工廠，連

4　侯嘉星，〈從中央農具廠到農林部無錫農具實驗製造廠（1943-1949）〉，《國立政治大學歷史學報》，期 46（2016 年 11 月），頁 97-150；侯嘉星，〈中國農業機械公司與中國近代農業機械化發展（1943-1949）〉，《國立政治大學歷史學報》，期 42（2014 年 11 月），頁 137-186。

同原本的重慶工廠，以及即將接收之臺灣、東北農藥工廠等均劃歸農林部經營，構成分區供應體系。此外農業復員委員會估計此階段需要農藥二萬一千噸，其中六三〇噸是直接從國外進口成品、其餘二萬噸由國內自行生產。[5] 為了配合此計畫，遂決定藥械廠遷廠與設立各地分廠。

一、接收淪陷區的農業化學工廠

在農林部的計畫中，做為農業化學事業生產重鎮的重慶工廠，原擬遷回南京，以接收日人既有工廠為主。不過 1945 年底在上海出現更適合的工業設施，吸引農林部與上海市政府競爭。戰後上海市社會局接收位於虹口榆林路 802 號的日本第一工業製藥株式會社上海支店工廠，原打算自行成立上海市屬農藥工廠，供應該市郊區的各個農業區使用，認為「保稼工作端賴特效之化學防除，顧所用藥劑我國向無製造，間有實施此法者，類多用舶來藥劑，以其價值之昂貴，不能推廣於農村……冀利用該支店製造農用藥劑及部分機件與原料，樹立該項藥品製造之基礎」。[6] 嗣因農林部要求，改由該部接收擴充為全國性的殺蟲藥工廠。據農林部京滬區特派

5　「復員計畫綱要—病蟲害防治與藥械供應計畫」（1944 年 12 月），〈農林部農業復員委員會和隸屬各專門委員會及聯合國善後救濟總署病蟲藥械物資分配等文件〉，上海市檔案館藏，《民國時期檔案》，檔號 Q450-1-218。

6　「上海市社會局函」（1945 年 11 月），〈上海市社會局接管第一工業製藥株式會社卷〉，上海市檔案館藏，《民國時期檔案》，檔號 Q6-15-53。

員皮作瓊所言，該廠專門製造農用殺蟲藥劑及肥皂顏料等產品，創辦已有二十五年，內部設備及原料頗多。[7] 但實際上該廠生產油脂及化工製品，並未生產農藥，沒有製造農藥所需要的氧化室或乾燥室等車間。[8] 換言之，在上海接收並設置農業化學廠，更多是國府希望在華東地區設有大型製造廠的政策考量。

隨著接收工作展開，重慶工廠也擬定遷廠及增產計畫，認為「抗戰勝利結束，收復區諸省受敵偽蹂躪最久，農田荒蕪蟲害猖獗，影響糧產甚鉅。為挽救危機並適應當地農民需要起見，亟應早日返京趕製大量藥械供應各地，俾收治蟲增產實效」，此外聯合國善後救濟總署（以下簡稱聯總）援華物資也即將抵華，必須先由在上海加工後方可供應各地農村。於是在 1945 年底，先派推廣組組長仇鬯宣前往南京辦理廠房工作，準備接收聯總病蟲防治物資；隨後於 1946 年初派副廠長馮敷堂、技師錢浩聲、鐘家棟前往上海辦理接收工作，隨即將病蟲藥械廠遷至上海（以下均稱上海總廠）。[9]

7　「農林部京滬區特派員皮作瓊簽呈」（1945 年 12 月），〈病蟲藥械製造實驗場接收日營製藥株式會社（其一）〉，中央研究院近代史研究所檔案館藏，《農林部檔案》，檔號 20-16-189-02。

8　日本第一工業製藥株式會社，係由負野小左衛門、中村嘉吉郎及小野茂平等化學、纖維染劑業者成立於 1918 年，資本額五十萬日圓，本社位於京都，在東京、四日市、上海、青島及漢口設有工廠。上海為第一個海外工廠，成立於 1931 年，主要生產石鹼、油劑、醇類、單寧及甘油等。有關農藥生產的業務，至 1949 年才著手申請。第一工業製藥株式會社，《目論見書》（京都：第一工業製藥株式會社，1949），頁 3-6。

9　「農林部病蟲藥械製造實驗廠呈」（1945 年 12 月），〈建築倉庫及宿舍；重慶供應處傢具移交；買丹陽路倉庫〉，中央研究院近代史研究所檔案館藏，《農林部檔案》，檔號 20-52-002-02；

　　當時政策是盡快恢復生產，因此上海總廠僅遣散女工，以接收之原料及男工五十人很快在 1946 年 3 月復工生產。至 1946 年 5 月，重慶工廠正式遷到上海辦公，有職工二三四人（其中有職員五十六人）加上家眷共四百餘人隨同遷滬，同時遣散重慶工廠不願意赴滬的工人二十二人，大幅縮減重慶工廠，亦即將重心從西南轉移至江南地區。[10] 此一階段上海總廠人員與重慶工廠時期展現高度一致，唯一異動，僅有廠長吳福楨因 1945 年 9 月起擔任中農所代理副所長、1947 年真除，同年 4 月正式由馮斅棠接任廠長。[11] 其餘技術人員變動不大，職工方面在上海時期也以舊有工人為主，並未看到大量招工的紀錄。

　　因為接收之上海總廠面積有限，且僅有藥劑製造設備，缺乏機械生產能力，且又要替聯總代工三萬具各式噴霧器，製造需求相當龐大，遂向農林部提請，希

「三十五年上半年工作進度檢討報告表」（1946 年 7 月），〈病蟲藥械製造實驗廠 35 年度工作報告〉，中央研究院近代史研究所檔案館藏，《農林部檔案》，檔號 20-52-023-01。

10　「還都臨時經費概算表」，〈病蟲藥械廠 32 年度經事費、還都臨時經費概算表會計報告〉，中央研究院近代史研究所檔案館藏，《農林部檔案》，檔號 20-52-010-04；「農林部病蟲藥械製造實驗廠呈」（1946 年 6 月），〈病蟲藥械製造廠 32 年 3 月至 35 年 5 月成立〉。

11　「農林部訓令」（1945 年 9 月），〈國民政府農林部病蟲藥械製造實驗廠有關吳福楨文件〉，上海市檔案館藏，《民國時期檔案》，檔號 Q450-1-31；「農林部指令」（1946 年 9 月），〈國民政府農林部病蟲藥械製造實驗廠有關人事、解放前的人事材料、職員工人名單及照片〉，上海市檔案館藏，《民國時期檔案》，檔號 Q450-1-154；「馮斅棠函」（1947 年 4 月），〈36 年 5 月新舊廠長交接清冊〉，中央研究院近代史研究所檔案館藏，《農林部檔案》，檔號 20-52-001-06。

望購買對門榆林路 801 號的野村產業株式會社工廠，
經與敵偽產業處理局協商後順利取得。[12] 至 1946 年 8 月
藥劑製造工作已在上海恢復，施灑設備則稍晚也在上海
生產。[13]

圖 4-1   遷至上海後的藥械廠外觀及實驗室

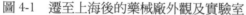

說明：左圖為藥械廠榆林路 802 號大門；右圖為廠內藥劑實驗室。
資料來源：張學祖，〈農業的兵工廠〉，《科學畫報》，卷 15 期 1
　　　　　（1949 年 1 月），頁 16。

　　但是必須指出的是，儘管原料物資方面上海總廠受
到聯總物資支持，暫時不虞匱乏，但在營運資金方面仍
十分緊張。先是上海總廠除了轉移自重慶的工人外，還
接收日廠原有工人五十人，職工規模達到近三百人；[14]

---

12 「農林部病蟲藥械製造實驗廠呈」（1946 年 4 月）、「上海敵產
　　野村鐵工廠簡要說明」（1946 年 4 月），〈病蟲藥械廠 35 年工
　　資表；北平分廠會計報告送審〉，中央研究院近代史研究所檔案
　　館藏，《農林部檔案》，檔號 20-52-015-01。

13 「三十五年八月份工作簡報表」（1946 年 8 月），〈病蟲藥械製
　　造實驗廠 35 年度工作報告〉。

14 做為對照，此時幾處相關農業工廠中，農林部無錫農具實驗製造
　　廠職工一七〇人、上海農業機械公司上海總廠職工一八二人，由
　　此可見藥械廠的製造規模。關於無錫農具廠及上海農業機械公司
　　的研究，見侯嘉星，〈從中央農具廠到農林部無錫農具實驗製造廠

除去政府預算支持的技術人員及行政人員外，其餘工人須由工廠支付薪資。依照上海市社會局調查，戰後初期一般工人月薪約在二萬三千元至四萬五千元之間，而後因物價高漲，很快增加到八萬元至十萬元，廠方不得不隨之調薪。[15] 這些支出使得上海總廠持續向中國農民銀行貸款，先於 1946 年貸款三千五百萬；翌年 4 月因通貨膨脹使貸款金額飆升至十億元，金圓券改革前貸款數目達到二百億元。[16] 這些貸款同樣擬定計畫書，並配合政策以實物放貸或其他方式將產品提供農民使用。因此儘管藥械廠遷到上海，但依靠大型公營行庫周轉的運作模式仍未改變，所以在戰時及戰後初期，國家力量對農業化學事業的發展極為重要，是扶持其從實驗室走向生產線的關鍵。

　　然而國營事業的經營方式也有其限制，1948 年監察院針對上海總廠的調查報告指出，病蟲防治事業原本應該由政府投資大量始能達到生產推廣之目標，但改為

（1943-1949）〉，頁 97-150。

15　「農林部病蟲藥械製造實驗廠呈」（1946 年 4 月），〈病蟲藥械廠 35 年工資表；北平分廠會計報告送審〉；「農林部病蟲藥械製造實驗廠呈」（1947 年 2 月），〈病蟲藥械廠房舍〉，中央研究院近代史研究所檔案館藏，《農林部檔案》，檔號 20-52-002-03。

16　「三十五年度藥械貸款計畫綱要」（1946 年 8 月），〈　病蟲藥械製造廠 35 年貸款透支契約〉，中央研究院近代史研究所檔案館藏，《農林部檔案》，檔號 20-52-020-03；「農林部病蟲藥械製造實驗廠呈」（1947 年 4 月），〈36 年向中國農民銀行貸款 10 億元〉，中央研究院近代史研究所檔案館藏，《農林部檔案》，檔號 20-52-020-08；「農林部病蟲藥械製造實驗廠呈」（1948 年 7 月），〈37 年 7 至 8 月向中國農民銀行貸款 200 億元〉，中央研究院近代史研究所檔案館藏，《農林部檔案》，檔號 20-52-020-20。

商業經營後，廠長必須尋求利潤以維持營運，因此業務
發展受到影響，在推廣與宣傳上能投入的人力物力不
足，使得病蟲藥防治事業進展有限。[17] 上海總廠經營
未能達到全國範圍生產推廣的作用，與生產、銷售體制
發生重大轉變有關，相較於人員上的一致性，在生產技
術、推廣體系上都發生顯著斷裂，此點容後文詳述。至
於事業經營的困境，在北京分廠與瀋陽分廠的故事中更
能看出端倪。

在戰後的接收與遷移工作中，除了接收上海的日本
工廠外，藥械廠也派員前往北京成立農林部病蟲藥械製
造實驗廠北平分廠（以下簡稱北京分廠）；以及由農林
部派員前往瀋陽合併數處日營工廠為農林部東北病蟲藥
械製造實驗廠（以下簡稱瀋陽分廠）。後者在組織上直
屬農林部，並不屬於上海總廠管理，但因為性質、接收
及運作經驗極為相似，在此一併說明。

華北地區接收與復員的困難，在於南京政府對北方
控制相對薄弱，缺乏地方基礎。國民黨資深黨員，曾擔
任安徽省銀行副總經理，時任山東省銀行總經理的吳
墉祥，在 1945 年 4 月的日記中曾指出，當時的華北共
黨問題嚴重，由於共產黨對基層的控制力遠比國民黨更
強，因此對於戶口田賦上有更高地掌握，顯示當時地方
人士對於國共競爭的優勢劣勢已頗有認知。同時共黨在

17 「監察院蘇浙區監察署委員行署代電」（1948 年 11 月），〈37
至 38 年監察院蘇浙區監察委員行署、病蟲藥械製造實驗場處理
商人陶亞侃假冒名義推銷偽藥經過情形〉，中央研究院近代史研
究所檔案館藏，《農林部檔案》，檔號 20-11-137-21。

政治上號召同甘共苦、民主參與，所以在勢力競奪上較國方有優勢，這也是這些第一線黨務人員所憂心的。根據黨部統計，山東省全省面積已被共黨控制 70%，汪政府與國民黨合計僅占三成；以人口論則共方佔據半數，城市主要由汪政府掌握。[18] 在此局勢下，戰後接收工作勢必面臨巨大挑戰。

在此局勢下接收的北京分廠，係上一章提到，日本農藥株式會社在 1939 年設立的北京支社工廠，農林部特派員於 1946 年 2 月奉命接收日本農藥株式會社、青果株式會社及日本農機具協會所屬產業。由中農所技正、藥械廠技師劉廷蔚前往主持，很快在 1946 年 10 月復工；劉廷蔚擔任該廠廠長，至 1948 年 9 月由技師劉百鳴接任。雖廠內設有製造課、推廣課、總務課及會計室，但實際規模不大，到了 1948 年底該廠僅有職員三十八人、工役九人。[19]

北京分廠之基礎是日本農藥株式會社在華北的工廠，該廠在中日戰爭期間配合日本國策支持華北的農業增產，對於日本帝國圈內的農業化學事業有重要地位。日農華北工廠位於北京市東郊九龍山村 8 號，離市區有

---

18 吳墉祥原著，馬國安主編，《吳墉祥戰後日記（1945）》（臺北：民國歷史文化學社，2019），1945 年 4 月 2 日，頁 75。

19 「農林部電」（1946 年 2 月）、「農林部病蟲藥械製造實驗廠呈」（1946 年 7 月），〈建築倉庫及宿舍；重慶供應處傢具移交；買丹陽路倉庫〉，中央研究院近代史研究所檔案館藏，《農林部檔案》，檔號 20-52-002-02；「農林部病蟲藥械製造實驗廠呈」（1947 年 12 月），〈病蟲藥械廠 35 至 36 年組織規程〉；「北平分廠三十七年十一月份工作簡報表」（1948 年 11 月），〈病蟲藥械廠 37 年度 7、11 月份工作簡報表〉，中央研究院近代史研究所檔案館藏，《農林部檔案》，檔號 20-52-025-03。

段距離。在農林部華北區特派員接收前，先於 1945 年
9 月由北平市公用局查封。然而在接收之際，該廠發生
火災，造成機器設備、原料損失，從中可以發現戰爭結
束之際，接收倉促、人員複雜及治安混亂的情形，其破
壞程度甚至遠邁戰時。

　　事件之調查，根據北平市警察局陳焯的報告指出，
1945 年 11 月日農華北工廠由公用局派員張貼封條後已
遣散員工，僅有日籍士兵二十餘人看守。市警局東郊
分局說明，11 月 24 日下午 4 時，有駐東郊各工廠的日
軍獨立第三警備隊粟原上尉到該廠宣稱，其部隊受命全
部於 11 月 25 日集中至豐台，因此要求東郊分局接手各
工廠保安事宜。東郊分局派遣局員溫宗黃、劉赤生以及
辦事員柴錦榮偕同官警前往巡視，先至明治製菓株式會
社、碙子工廠、煙草公司、屠宰場等處，而後到日農華
北工廠時發現有火警，已燒毀房屋十餘間、藥品百餘
噸，現場有匪民搶掠，經警察鳴槍示意後才散去。據
當地居民稱駐廠日軍於 23 日下午 5 時離開，至該日半
夜 2 時發生火警，「顯係該廠事先無人管理，亦無人看
守，至被匪民覬覦任意搶取」。分局指出該廠所在的東
郊二十四段管界，原先就屬於治安不良的區域，當地警
察多半日間在管內巡視，夜間就集中於東便門駐在所，
離工廠甚遠，因此該段警長葉俊山未能察覺火警，已遭
懲處。[20]

20 「北平市警察局函」（1945 年 12 月），〈北平分廠 35 年 3 月至 36 年 3 月接收敵辦農藥株式會社起火〉，中央研究院近代史研究所檔案館藏，《農林部檔案》，檔號 20-52-026-08。

　　再據農林部華北區特派員辦公處傅守三報告，農林部人員薛培元於 11 月 24 日上午 10 時到達農藥工廠時即已發現火警，當即雇用民工二人協助撲滅火勢。該段警察聲稱係留守日軍於 23 日下午 5 時離去時縱火所致。由於火災意外，導致帳冊蕩然無存，特派員辦公處輾轉尋得該廠向日本駐華使館提交的報告，以此做為接收依據。[21] 最值得注意的，是農林部專門委員傅勝發受命調查的報告，指出日本於 9 月投降後，政府各院部及附屬機關和當地原有機關都派員接收，但因交通不便之故，多半僅派少量人員接收。尤其是抗戰時成立的新機構，往往僅派極少數人接收所有機關，流於形式。此外北京地區除了城內沒有共黨軍隊外，城郊附近多處地方被共軍盤據，因此接收十分困難。北平市公用局主任祕書王善齋宣稱，該局於日本投降後派接收員五人接收九十一處單位，故多數僅由公用局貼上封條、委任原有人員保管而已。至於接收清冊，雖然責成各單位提交，但經過數個月僅有七十一個單位造冊，還有二十個單位未能清查。日農華北工廠因位處離北京甚遠的九龍山村，且有共軍往來於該處，公用局接收人余蘭園無法留駐該地，僅委託日本軍人代為看守。[22] 從此一個案能看到跨越 1945 年的接收過程中，充滿許多混亂失序的情況，甚至許多的帳目資料、生產原料等都因火災付諸

21　「接收敵日農藥株式會社經過報告」（1946 年 4 月），〈北平分廠 35 年 3 月至 36 年 3 月接收敵辦農藥株式會社起火〉。
22　「調查北平藥械廠接收之農藥株式會社火焚情形」（1947 年 2 月），〈北平分廠 35 年 3 月至 36 年 3 月接收敵辦農藥株式會社起火〉。

一炬，其中更不乏私下劫奪、官商勾結等不法情事，這些複雜情況也使得戰後北京分廠的生產工作，相當程度需要重起爐灶。

同樣的經驗也發生在東北瀋陽，1946 年 10 月，由農林部專門委員傅勝發負責接收瀋陽蘇家屯的日產化學工業株式會社，以及合併遼寧省政府接收之瀋陽鐵西區之滿洲農藥株式會社、四平街之滿洲噴霧器製造工廠，成立瀋陽分廠並擔任廠長。儘管戰後初期東北局勢並不理想，但農林部仍決定要瀋陽分廠盡快投產，其中考量或許如同傅氏所言，係為了維持東北當地民生安定、恢復元氣，農業生產極為重要，利用農藥以減少病蟲害亦為箇中要務。[23]

瀋陽分廠的主體是日產化學株式會社（圖 4-2），1942 年 3 月成立，由滿洲證券株式會社投資，資本額三百萬日圓，主要產品為農藥、殺蟲殺菌藥劑，月產光銅（波爾多粉）、復銅及硫酸銅各三百噸，另外能日產魚藤粉三噸。[24] 據報工廠遭到破壞，機器為酸液腐蝕；大部分原料購入及成品出售都需要到瀋陽，但因為鐵路運輸困難且各種基礎化工廠已遭破壞或停工，所以復工

23　「東北區特派員潘簡良函」（1946 年 12 月），〈東北區特派員呈接收成立東北病蟲藥械製造實驗廠請早日派定委員籌備〉，中央研究院近代史研究所檔案館藏，《農林部檔案》，檔號 20-16-239-04；「農林部東北病蟲藥械製造實驗廠呈」（1947 年 3 月），〈東北病蟲廠、藥械廠 36 年 3 至 7 月藥械貸款計畫〉，中央研究院近代史研究所檔案館藏，《農林部檔案》，檔號 20-52-035-01。

24　「Memo by G. Probst」（1946 年 12 月），〈東北區特派員辦公處轉呈顧問浦世德視察病蟲藥械製造實驗廠報告〉，中央研究院近代史研究所檔案館藏，《農林部檔案》，檔號 20-16-247-07。

頗有挑戰。所幸接收之原料頗豐，成品有波爾多粉四萬五千公斤、硫酸銅一百公斤；1947 年 1 月復工投產。鐵西農藥株式會社主要接收其原料物資，廠房位於瀋陽鐵西區篤工街二段 4 號，1947 年底時因廠內駐軍，未恢復生產，機械設備如粉粹機、壓榨輾機、乾燥機等多年未使用，鏽蝕嚴重。廠內原有魚藤粉、亞砒酸、砒酸石灰等物資，有不少已遭焚毀。[25]

圖 4-2 東北病蟲藥械製造實驗廠生產情形

說明：左圖為辦公室及波爾多粉工廠；右圖為廠內女工包裝波爾多粉的情形。
資料來源：「東北區特派員辦公室呈」（1947 年 1 月），〈東北區特派員呈送東北農具廠及東北農業病蟲藥廠照片〉，中央研究院近代史研究所檔案館藏，《農林部檔案》，檔號 20-16-246-13。

自 1947 年 1 月瀋陽分廠恢復生產以來，至該年 12 月初共生產碳酸銅二十噸、硫酸銅五噸、砒酸鉛三噸、

---

25 「估價清冊」（1947 年 7 月），〈東北區特派員呈病蟲藥械製造實驗場估價清冊〉，中央研究院近代史研究所檔案館藏，《農林部檔案》，檔號 20-16-240-14；「遼寧省營農藥工廠移交財產清冊」（1947 年 11 月），〈東北病蟲藥械廠 36 年 8 月至 37 年 3 月移交接收〉，中央研究院近代史研究所檔案館藏，《農林部檔案》，檔號 20-52-031-04。

砒酸鈣七噸、噴霧器二十八具，均為技術較為落後的無機農藥。但因國共內戰緣故，交通停頓無法運出，至1947年12月初交通恢復後，趕緊請農林部安排將成品由瀋陽經錦州、葫蘆島運往上海。[26] 及至1948年初瀋陽局勢緊張，瀋陽分廠先後有新一軍、第五十三軍部分部隊入駐，徵用所存煤炭及拆毀農園倉庫構築工事；加之「東北農區又多淪匪手，銷路毫無」，因此實際上已陷於停頓，最終與1948年10月奉命解散。[27]

　　從戰後接收北京分廠及瀋陽分廠的故事來看，化學產業是戰前及戰時發展最快速的工業部門之一，農業化學也隨之長足有進，日本在華設置有多處工廠。然而這些工廠接收時的情況普遍不佳，從瀋陽分廠實際的經營可以發現，除了設備長期空置以至於鏽蝕外，產銷供應網絡也已遭破壞，不僅無處購買原料；更無處推銷產品。北京分廠的情況雖然稍好，但同樣根據調查報告所言，市郊農業區治安的混亂不難想見，經營方面同樣遇到許多挑戰。因此研究跨越1945年的接收工作，必須同時注意到這些阻力，才能更貼近當時情況。

26　「東北藥械廠廠長傅勝發函」（1947年12月），〈36年訂購病蟲藥劑〉，中央研究院近代史研究所檔案館藏，《農林部檔案》，檔號20-41-054-24。

27　「農林部東北病蟲藥械製造實驗廠代電」（1948年1月），〈東北病蟲藥械廠36年8月至37年3月移交接收〉；「農林部東北病蟲藥械製造實驗廠代電」（1948年2月），〈東北病蟲藥械廠37年2至7月出售剩餘物資〉，中央研究院近代史研究所檔案館藏，《農林部檔案》，檔號20-52-035-03；「農林部代電」（1948年11月），〈東北病蟲藥械廠37年10至11月結束〉，中央研究院近代史研究所檔案館藏，《農林部檔案》，檔號20-52-031-03。

二、技術轉換與生產方針的轉變

　　戰後初期農業化學事業的發展，可以分為物資援助及新化學藥劑兩方面，都受到國際力量影響甚深。前者是以聯總援助中國的各種原料、設備推動生產；後者則是在國際技術交流下出現 DDT 與魚藤兩種新藥，自 1950 至 1960 年代扮演了重要角色，使中國農業化學工作從無機化學轉向有機化學。吳福楨在《中華昆蟲學會通訊》發刊詞中便說到，「因戰事之急需，在戰爭數年中，此種科學反突飛猛進，諸新興藥劑如 DDT、666、1068 等，異軍突起，砒酸鈣、砒酸鉛、氰化鈣、氟矽酸鈉等，相形之下，暗淡無色」，[28] 明白指出中國農業化學事業的轉向。

　　首先在外國援助方面，戰後初期上海總廠的運作與聯總有密切關係。先是善後計畫中為推動病蟲害防治工作，自美國運來砒酸鈣、砒酸鉛、硫磺劑、DDT 等各類藥劑，以及銅管、橡皮等等原料已陸續抵滬，其中藥劑需要由藥劑廠加工調製或分裝，以及生產組裝施灑設備等，是上海總廠主要業務。[29] 在這批物資有關病蟲害防治的藥劑、設備共有八百六十噸，援助之原料與機器由上海總廠應用，成品藥劑則免費分配給各省以防治蟲害。大致而言棉花害蟲藥劑集中於黃河及長江流域的

28　吳福楨，〈發刊辭〉，《中華昆蟲學會通訊》，期 1（1947 年 10月），頁 1。

29　「農林部病蟲藥械製造實驗廠呈」（1946 年 5 月），〈病蟲藥械廠 35 年工資表；北平分廠會計報告送審〉。

美棉區，黑熱病藥劑（仿馬林）用於東部及北部的麥作區，蔬菜及衛生病蟲防治藥劑則集中於京、滬、平、津等大都市周圍，至於菸草病蟲防治藥劑則在晉、皖、豫三省之烤菸區推廣。[30]

以 1946 年 1 月首批運抵上海的物資為例，有船上載有 DDT 粉五十九公噸、殺蟲藥劑二十二公噸、殺菌劑十一公噸，由行政院善後救濟總署分配至各地；另有殺蟲、殺菌劑共三十三噸，則交由在滬主持復廠工作的馮肇棠協助分配。[31] 相較之下，北京分廠不斷反映，政府當局分配這些物資時明顯地「重南輕北」，獨厚上海總廠。[32]

這些來自美國的農藥或施灑設備，並非直接能適用於中國。藥劑方面是較為單純的稀釋加工或分裝；設備方面較為複雜，如聯總提供的數千具史密斯公司（Smith CO.）噴霧器，並不適合身材較矮小的中國農民，因此必須由上海總廠改造後再分配使用。[33] 因廠

30 "Time Limit of Delivery and Distribution of Materials for Pest Control Work for 1946 under China Agricultural Relief and Rehabilitation Program," 1945.06，〈農林部農業復員委員會和隸屬各專門委員會及聯合國善後救濟總署病蟲藥械物資分配等文件〉，上海市檔案館藏，《民國時期檔案》，檔號 Q450-1-218；〈善後救濟總署業務總報告〉（1948 年 4 月），上海市檔案館藏，《民國時期檔案》，檔號 Q459-1-37。

31 "Benjamin H. Kizer to T. F. Tsiang," 1945.12、「聯總 Tillie Lykes 號輪船輸入病蟲防治物資應用及分配表」（1946 年 1 月），〈病蟲藥械物資到滬〉，中央研究院近代史研究所藏，《農林部檔案》，檔號 20-16-042-19。

32 「北平分廠劉百鳴函」（1948 年 7 月），〈東北病蟲藥械製造實驗場〉，中央研究院近代史研究所藏，《農林部檔案》，檔號 20-16-108-12。

33 「三十六年三月份工作簡報表」（1947 年 3 月），〈病蟲藥械製

內雖藥劑製造人才頗多，但機器生產的人力就較為不足，1947 年聯總再派技術員柏克曼（Bercman）、多拉克（Dollak）及基連（Kilian）等人來華協助生產施灑設備，對此上海總廠也增聘機械方面的技術人員，以滿足生產業務的變化。[34]

換言之，重慶工廠時期生產部門側重藥劑製造，對於施灑設備生產不多。但遷移至上海後，一方面接收野村鐵工廠，補充機械製造設備，另方面也獲得聯總的物料、技術人員等支持，故上海總廠在施灑設備製造上奠定基礎。這一點在 1950 年代以後的發展極為重要。但是真正在農業化學藥劑產生重大改變的，是 DDT 與魚藤製劑的生產。

DDT 的生產在 1945 年底已在重慶工廠生產成功，並小規模投產。1946 年規劃遷廠時，在上海主持的馮戮棠，還曾致函吳福楨表示重慶工廠製造 DDT 前途頗為樂觀，反觀上海總廠因設備及原料問題，暫時無法大量生產，所以建議保留重慶工廠 DDT 生產線，生產 DDT 殺蟲藥劑。[35] 廠方也宣稱，DDT 製造成功後，「社會各界來購者絡繹不絕，輿論界亦派員前來洽請刊登廣告並參觀製造情形」，生產之 DDT 臭蟲水發行

造實驗廠 36 年度工作月報〉，中央研究院近代史研究所檔案館藏，《農林部檔案》，檔號 20-52-024-01。

34　「農林部病蟲藥械製造實驗廠呈」（1948 年 3 月），〈病蟲藥械場 33 年 2 月至 37 年 3 月職員任用〉，中央研究院近代史研究所檔案館藏，《農林部檔案》，檔號 20-52-004-02。

35　「馮戮堂致吳福楨函」（1946 年 4 月），〈接收日偽第一工業製藥株式會社第二廠有關材料〉，上海市檔案館藏，《民國時期檔案》，檔號 Q450-1-151。

川省各處，正著手研究與除蟲菊劑配合使用增加效果
（圖4-3）。同時，因用戶反映國產功效不如美國製，
農林部也要求廠方加強研究改良DDT藥劑。[36] 不過就
實際生產而言，除了1946年初重慶工廠短暫生產外，
1947年後上海總廠的DDT產品主要係加工聯總援華的
DDT原粉而成，並不像重慶時期是自原料起均自行生
產。值得注意的是，這些DDT殺蟲水多半用於公共衛
生，上海總廠也改裝聯總運來的壓縮機，改裝成氣壓噴
灑設備，提供各地衛生局消毒防疫之用。

圖4-3　DDT 殺蟲藥劑使用說明

資料來源：〈病蟲藥械製造實驗廠36年度工作進度檢討報告〉
　　　　　（1947年），中央研究院近代史研究所檔案館藏，《農
　　　　　林部檔案》，檔號20-52-024-02。

---

36 「農林部令」（1946年6月）、「農林部設計考核委員會函」（1946
　年6月），〈病蟲藥械製造實驗廠35年度工作月報〉，中央研
　究院近代史研究所檔案館藏，《農林部檔案》，檔號20-52-023-
　02。

　　上海總廠在接收初期無法立即生產化學農藥的原因，便是前述接收時，實際上廠房設備原本就不是用來生產化學藥劑，而是生產油脂加工品。所以 1946 年時上海總廠的產品，以副產品如漿紗牛油、太古油、肥皂精等為主，待年中部分設備自渝抵滬後方恢復藥劑生產。至 1947 年後聯總援華的物資陸續抵達，農林部將機器都分配給上海總廠及北京分廠使用，使其得以擴大生產規模。期間如湖南省政府希望農林部撥配部分設備於長沙成立藥劑分廠，但農林部仍以設備有限且已在長沙設立推廣站為由拒絕，可以看到集中於上海總廠大量生產的企圖。[37]

表 4-1　1945-1948 年農林部病蟲藥械製造實驗廠生產統計

藥劑種類	單位	上海總廠			北京分廠		
		1946 年	1947 年	1948 年	1946 年	1947 年	1948 年
中農砷酸鈣	斤	2,127	43,124	2,922		42,863	8,575
砷酸鉛	斤	17	5,582	6,800		7,469	3,000
碳酸銅	斤		82			264	
硫酸銅	斤	130	1,990		29,070	14,805	2,340
蚊香	組	19,980	500	414			
臭蟲粉	斤	192					
臭蟲水	斤	145	290	9,929		7,658	33,541
塗蟲膠	斤	230	97				
DDT 產品	斤	9,149	106,870	17,262			
DDT 除蟲菊合劑	斤	1,791					
波爾多粉	斤		30,852				5,355
魚藤粉	斤		66,720	75,209	27,036	92,354	50,500

37　「農林部病蟲藥械製造實驗廠呈」（1946 年 12 月）、「農林部代電」（1947 年 4 月），〈本廠經營之油脂工業品；湖南省請設置殺蟲藥劑分廠〉，中央研究院近代史研究所檔案館藏，《農林部檔案》，檔號 20-52-020-06。

藥劑種類	單位	上海總廠			北京分廠		
		1946 年	1947 年	1948 年	1946 年	1947 年	1948 年
魚藤精	斤		504	264			
汞製劑	斤			3,962		5,014	23,876
錄製劑	斤		33,215	45			
螻蛄藥	斤					2,273	2,573
農用肥皂	斤				833	4,320	
捕鼠器	個	10					
噴霧器	具	310	3,200		837	631	1,750
唧筒噴粉器	具	3	700				

說明：上海廠 1948 年僅統計至 11 月。
資料來源：
1. 〈病蟲藥械製造實驗廠 36 年度政績比較表〉（1948 年 1 月），中
   央研究院近代史研究所藏，《農林部檔案》，檔號 20-52-024-03。
2. 「三十七年十一月份工作簡報表」（1948 年 11 月），〈病蟲藥械
   廠 37 年度 7、11 月份工作簡報表〉，中央研究院近代史研究所檔
   案館藏，《農林部檔案》，檔號 20-52-025-03。
3. 「北平分廠概況一覽」（1948 年 10 月），〈病蟲藥械製造實驗場、
   病蟲藥械製造北平分廠、農田水利工程處、直轄西北骨粉場、中
   國農業機械公司〉，中央研究院近代史研究所檔案館藏，《農林
   部檔案》，檔號 20-08-112-02。

　　從表 4-1 的生產統計可見，1945 年以前產量最大
的中農砒酸鈣，遷廠至上海後明顯減少，同樣原先在重
慶時生產頗多的蚊香也快速減少；相較之下新增加的產
品最主要的便是 DDT 與魚藤粉。上海總廠的 DDT 生
產主要是依賴聯總提供純 DDT 粉原料，所以 1947 年
大量運抵後，隨之加工分配各地使用，因此產量達到高
峰；1948 年援助數量減少，產量便明顯下滑。[38]

　　魚藤製劑在第二章已有詳細討論，在戰前已成為日
本重要的農業化學原料。值得注意的是，農林部於戰
後接收的魚藤來源，大量來自臺灣。這是 1930 年代以

---

[38] 如 9 月份生產魚藤粉二‧五公噸，向農復會換取純 DDT 粉三公
噸加工。見「三十六年九月份工作簡報表」（1947 年 9 月），〈病
蟲藥械製造實驗廠 36 年度工作月報〉。

後，臺灣總督府在「進口防遏」的國策下，有系統在臺灣引進的成果。中日戰爭初期，日本在臺灣也建立初級加工廠，從事魚藤的加工製造。這些加工廠包括大日本製糖株式會社臺中工廠（年產量一八〇公噸）、石貝邦作デリス粉碎工廠（屏東，年產量三十五公噸）、東臺灣デリス株式會社船津工廠（年產量五十公噸）、東臺灣デリス株式會社溪口工廠（年產量三十公噸），以及杉原產業株式會社高雄工廠，除杉原廠能調製蓬萊米用的魚藤農藥，主要針對島內市場外，其餘各廠都是魚藤根的加工磨粉作業，並未具配調製藥劑的能力，以出口到其他地區加工為主。設備規模以臺中廠最佳，已全面機械化；其他各廠還有部分仍舊利用石磨加工。1944年以後，由於太平洋戰局逆轉，日本航運受到威脅，使得魚藤輸日困難；加上臺灣缺乏糧食，因此魚藤種植面積快速減少、良種流失。[39] 此外，盟軍的空襲也造成魚藤加工廠不小損失，例如花蓮港的東臺灣デリス株式會社於 1944 年 10 月空襲中遭炸毀，生產暫告停頓，戰後接收時僅餘空殼而已。[40] 這些損失使得 1945 年以後臺灣魚藤栽培事業中斷，須待戰後重啟爐灶。此時農林部接收成立的上海總廠、北京分廠或是瀋陽分廠等，正好接續了日本所開拓的魚藤栽培加工事業。

　　無論上海總廠或北京分廠在復工之初，要轉換技術

39　王鼎定，〈臺灣之魚藤〉，《臺灣農林月刊》，頁 29-30；李毓華，〈臺灣之魚藤〉，頁 107。

40　〈臺灣デリス工業株式會社清算案〉（1946 年 8 月），國史館臺灣文獻館藏，《行政長官公署檔案》，典藏號 00326700006004。

利用大批魚藤原料，生產這種全新的藥劑，也面臨不少技術挑戰。北京分廠接收時有魚藤粉百餘噸，但是相關機器已遭焚毀，所以向啟新洋灰公司借用石灰岩用的粉碎機用來磨碎堅硬的魚藤根，而後再請農林部協調資源委員會冀北電力公司，撥配煤炭用的球磨粉碎機用以生產魚藤粉。[41] 從表 4-1 可見，魚藤粉為北京分廠主要產品，1946 年尚由接收成品後分裝出售，1947 年中以後則是利用聯總設備生產；也恢復生產該工廠在戰時著名品牌，名為「蟲敵」殺蟲水的除蟲菊製劑，在北京市內有不錯的銷路。[42]

上海總廠同樣缺乏磨碎設備，等到美國中華救濟團補助大型球磨機於 1947 年裝配完成後，才依照日本生產益麻子殺蟲藥、毒魚藤石鹼粉的配方，混合魚藤粉、除蟲菊及樟腦配製藥劑。[43] 自 1947 年以後，魚藤粉成為該廠最重要的產品。圖 4-4 是上海總廠魚藤粉包裝袋，背面印有使用說明，言明該藥劑具強烈接毒性，避免人畜入口，可用於各種食葉及衛生害蟲，且不妨害植物生長增加生產量等語，可以看到強調農業與衛

41 「北平分廠呈」（1947 年 1 月），〈病蟲藥械製造實驗廠北平分廠現存藥械種類估計〉，中央研究院近代史研究所檔案館藏，《農林部檔案》，檔號 20-52-020-07；「資源委員會公函」（1948 年 7 月），〈請求撥用冀北電力公司球磨機〉，中央研究院近代史研究所檔案館藏，《農林部檔案》，檔號 20-52-020-15。

42 「北平分廠概況一覽」（1948 年 10 月），〈病蟲藥械製造實驗場、病蟲藥械製造北平分廠、農田水利工程處、直轄西北骨粉場、中國農業機械公司〉。

43 「三十六年上半年工作檢討報告表」（1947 年 8 月），〈病蟲藥械製造實驗廠 36 年度工作進度檢討報告〉；「病蟲藥械製造廠報」（1948 年），〈17 至 35 年統計調查；病蟲害報告〉。

生功能。

圖 4-4　魚藤粉包裝袋

資料來源：〈病蟲藥械製造實驗廠 36 年度工作進度檢討報告〉
　　　　　（1947 年），中央研究院近代史研究所檔案館藏，《農
　　　　　林部檔案》，檔號 20-52-024-02。

　　為了確保魚藤粉及其他製藥原料的供應，上海總廠
向聯總遠東委員會及美國中華救濟團申請經費支持，訂
定藥用作物生產計劃。是項計劃，希望提高中國的菸
草、除蟲菊及魚藤產量，除蟲菊與菸草種植已有基礎暫
且不論，而魚藤栽培需要從頭來過。這是因為臺灣所栽
種之魚藤，受到戰爭影響銷路而放棄種植，產量無多，
因此上海總廠擴大在臺採購，希望藉此以鼓勵農民種
植，並與臺灣省農林廳訂立生產計畫。[44] 實際上魚藤製

44　「擴充國產病蟲藥械製造計畫」（1948 年 9 月），〈國民政府農
　　林部病蟲藥械製造試驗廠關於擴充國產病蟲藥械製造計畫〉，上
　　海市檔案館藏，《民國時期檔案》，檔號 Q450-1-354。

劑生產方面，1947 年上海總廠已從臺灣購入大量魚藤
根生產藥劑；北京分廠則是利用庫存蘇門答臘魚藤根來
加工。[45]

圖 4-5　上海廠魚藤粉生產設備

說明：由左至右依序是磨粉機、錘磨機以及魚藤酮粹取設備。
資料來源：張學祖，〈農業的兵工廠〉，《科學畫報》，卷 15 期 1
　　　　　（1949 年 1 月），頁 17。

　　所以戰後接收過程中，除了來自國外援助的 DDT
藥劑外，新獲得的魚藤生產技術十分重要，其生產簡
便、原料取得容易，很快就成為中國主要的農藥。由
於 DDT 生產轉向原粉加工，魚藤製劑生產方式也以磨
碎魚藤根、萃取魚藤酮稀釋為主，生產技術並不複雜，
上海總廠二年生產十四萬斤的魚藤製劑，平均每日約產
三百斤左右，規模雖尚少於 1939 至 1945 年間日本第一
製造的北京工廠，但仍比戰時重慶工廠提高甚多。而此
時能配合國家政策，大量生產提供各種農藥產品的機
構，僅有上海總廠、北京分廠、四川省農改所藥械廠

45　「三十六年十一月份工作簡報表」（1947 年 11 月），〈病蟲藥械
　　製造實驗廠 36 年度工作月報〉；「農林部病蟲藥械製造實驗廠呈」
　　（1948 年 6 月），〈病蟲藥械廠 37 年度工作月報〉，中央研究
　　院近代史研究所檔案館藏，《農林部檔案》，檔號 20-52-025-01。

（原中農所成都實驗廠，規模不大）、大江農林公司、
卜內門公司、協和行等六處，其中後面三者都是進口
商，因此真正具備一定生產規模的工廠，僅有上海總廠
及北京分廠而已。[46]

三、重建困難的推廣體系

重慶工廠時期的藥械廠產品，採用三級推廣體制，
在各地建立供應站、代售處。但這些站點都位於西南各
省，隨著戰後接收與復員，勢必將該套體系移植至淪陷
區內。但如同接收華北、東北各廠遇到的情況一樣，實
際上戰後接收過程中，各地面臨治安混亂、人員不足等
種種問題，所以重建推廣體系困難重重，真正能落實的
僅有江南地區。

1946 年 7 月，隨著重慶工廠人員設備遷移到上海，
上海總廠在江南地區重現推廣銷售體系，陸續成立南
京、杭州等供應站、恢復貴陽、湖南、廣西等供應站之
業務，增設無錫、常州、吳縣等總代售處。1947 年初
在上海委託茂康行做為總代售處，同年 9 月設立常州、
無錫、蘇州及宜興四處總代售處，至 1947 年中在渝、
蓉、京、滬、杭等處已有代售處三百餘所；1948 年增
設南通、蕭山、寶山總代售處。[47] 不過雖在兩湖、安徽

46 「三十六年二月份工作簡報表」（1947 年 2 月）、「三十六年九
月份工作簡報表」（1947 年 9 月），〈病蟲藥械製造實驗廠 36
年度工作月報〉。

47 「三十五年上半年工作進度檢討報告表」（1946 年 7 月），〈病
蟲藥械製造實驗廠 35 年度工作報告〉；「三十六年九月份工作

和江西等地也設有代售處，但真正藥劑銷售通行的範
圍，還是以江南為主。且由於製造重心轉移到上海總
廠，西南地區的推廣站在 1947 年中物資逐漸用罄後，
上海總廠產量不足以供給四川，致使川省各個供應處規
模逐漸縮減。[48] 換言之，農業化學事業雖肇興於西南，
但戰後政策很快地向東南沿海傾斜，反而減少對西南各
省的支持，無論生產與推廣都是如此。

　　在江南地區重建推廣體系，上海總廠借助分送聯總
援華農業藥劑之便，與農村保甲長、公私立農場密切結
合，故能形成細密的推廣銷售網絡。1946 年推廣案例
中，尚在遷廠階段時，重慶工廠已派技術員在上海市郊
調查農作物分布，選擇市郊蔬菜產地做為砒酸鈣推廣示
範重點。是年遷滬辦公後，8 月分區召集保甲長會議，
商議各區進行辦法、說明藥劑來源及應用，並請保長協
助聯繫指導農民。至 9 月底止已在市郊的大場、龍華、
北新涇等地發出砒酸鈣共三七六〇斤，推廣農家五四六
〇戶，並設立示範表證區六處，現場展演指導農民使
用，培養大眾信心。另委託當地公私立農場及保甲長出
面號召農民參與示範活動，同時商請虹橋區上海市社會
局示範農場、市中心區工務局園場管理處、江灣區農林
部上海經濟農場、徐家匯區南通學院試驗農場等單位設
立示範點，及聯繫保甲長三十人協助宣傳、派員至鄉

簡報表」（1947 年 9 月）、「三十六年十月份工作簡報表」（1947
年 10 月），〈病蟲藥械製造實驗廠 36 年度工作月報〉。
48　「三十六年七月份工作簡報表」（1947 年 7 月），〈病蟲藥械製
造實驗廠 36 年度工作月報〉。

間巡迴指導。廠方總結 1946 年上海地區的物資推廣示
範，共發送砒酸鈣及砒酸鉛一六一九四磅、推廣農民
一六一九四戶，防治菜蟲二六二九五畝、漸少蔬菜損
失五二五九〇擔，增加農民收入一〇五一八〇萬元。[49]
僅半年間在上海區推廣的中農砒酸鈣，已約達上海總廠
1947 年產量之半，僅滬地就有如此需求，不難想見戰
後農業藥劑需求之鉅。

　　再據技師黃至溥 1946 年在江蘇無錫推廣藥劑及防
治螟蟲害的經驗，他指出當時在鄉間推廣防治螟蟲有以
下六種方式：

（1）噴灑 3% DDT 藥劑；

（2）設置誘蛾燈捕捉成年三化螟蛾；

（3）用麵粉獎勵農民捕繳三化螟蛾；

（4）用麵粉獎勵農民採繳三化螟蛾卵塊；

（5）用麵粉獎勵農民拔繳三化螟蛾幼蟲潛居的枯心苗
　　　及白穗莖；

（6）提倡水田冬季灌水以殺除越冬螟蟲。

　　可以看到防除方式，除了部分引進新式藥劑外，
其他採用的是傳統農業中的防治方法。[50]

　　新式防治辦法的 DDT 藥劑，係年初聯總從由美國
運來、由上海總廠稀釋分裝；施灑工作是 1946 年 6 月

---

49 「聯總濟華藥械上海區發放工作報告」（1946 年 10 月）、「農
　林部病蟲藥械製造實驗廠呈」（1947 年 3 月），〈病蟲藥械製造
　實驗廠 35 年度工作報告〉。

50 「本年無錫防治水稻螟蟲考察報」（1946 年 10 月），〈35 年病
　蟲藥械專門委員會工作報告〉，中央研究院近代史研究所檔案館
　藏，《農林部檔案》，檔號 20-16-130-05。

中旬進行，耗時四天，共噴灑一二二〇畝稻田，每畝用量四磅。撒粉時聯總駐華病蟲專家迪爾（John Deal）及農林部技正林傳光均到場指揮，由行政院善後救濟總署蘇寧分署第一農業工作隊、江蘇教育學院農藝教育系學生九十九人下田，用美國唧筒噴粉器八十四具，將DDT粉分灑於水稻秧葉上，自無錫城外惠山起，沿錫澄公路向北直到堰橋鎮。10月份黃至溥回到該地調查施灑情況時，堰橋鎮副鎮長王鵬、膠南鄉鄉長陳養金、劉倉鄉鄉長衛文海及當地農民的意見，都認為1946年的螟蟲害較往年減少許多，過去當地在1929-1930年間二季稻受災約有五成，1944年甚至達到七成；但至1946年10月份尚未收成的水稻中白穗比約在5%左右，成效顯著。且據鄉民所言，無錫地區未試驗治螟的鄉鎮，仍有嚴重的螟蟲害，由此可見病蟲藥推廣的作用。[51]

　　但黃氏也指出，治螟事業以獎勵採繳卵塊效果最佳，因為符合當地生產習慣的緣故，且發放麵粉獎勵頗能吸引農民。至於DDT之效果未如預期，可能是灑藥後隨即下雨，部分藥效被稀釋；其次相較於黃氏在美國參加農業部病蟲局之經驗，中國藥劑用量少、也不能像美國反覆噴灑所致。中國農村施藥劑量偏低，他認為除了經濟因素外，中國農村多半習慣在田間溝渠取水飲用，因此噴灑高劑量劇毒化學藥劑，實際上也有公共衛生的疑慮，所以建議可以考慮繁殖黑眼及赤眼寄生蜂，

51　「本年無錫防治水稻螟蟲考察報」（1946年10月），〈35年病蟲藥械專門委員會工作報告〉。

以生物防治法消滅螟蟲害。[52]

　　至於江南以外的推廣工作，多與政策性的農業放貸合作。1947 年上海總廠與棉改處在河南商丘、鄭州、湖北襄樊、荆沙，以及安徽安慶等縣商討實物放貸業務。此外在湖北隋棗、天沔區，蘇北東海、徐州區及陝西涇惠區已協商成功，分別送出各噴霧器、10% DDT 粉劑、魚藤粉，以及硫酸銅及砒酸鉛等各式藥劑設備。1948 年陝西涇惠區棉花蚜蟲為害嚴重，因此再由棉改處西安分處向上海總廠購買魚藤粉、魚藤精等產品，但因滬－陝交通中斷，這批藥劑原擬空運，後來改由長江運至重慶再轉陸路，排除萬難自滬入陝，其重要性不言而喻。[53]

　　雖然在江南地區重建的推廣體系已有相當成果，但江南以外的各省，仍然僅有點而未連成面。這一點在瀋陽分廠的經營中已可發現，因戰爭致交通阻絕以及東北農村為共黨控制，使城市成為孤島，使得該廠生產無從銷售而不得不停止。北京分廠也能看到類似的經驗，一方面是華北地區四季分明，藥劑需求淡旺季明顯；另一方面則是部分地區交通困難，難以運銷。故廠銷售以北

52　「本年無錫防治水稻螟蟲考察報」（1946 年 10 月），〈35 年病蟲藥械專門委員會工作報告〉；「美國實習報告」（1947 年 3 月），〈病蟲害人員赴美考察報告〉，中央研究院近代史研究所檔案館藏，《農林部檔案》，檔號 20-21-034-11。

53　「三十六年五月份工作簡報表」（1947 年 5 月）、「三十六年七月份工作簡報表」（1947 年 7 月），〈病蟲藥械製造實驗廠 36 年度工作月報〉；「三十六年五月份工作簡報表」（1947 年 5 月）、「三十七年七月份工作簡報表」（1948 年 7 月）），〈37 年 7、8 月工作簡報〉。

京市近郊為主，除由棉改處河北分處代為配售魚藤粉、在附近受蟲害之農村示範新式設備及藥劑產品。北京分廠成立第一總經銷處，負責市內及市郊十四個分銷處及通縣銷售事宜；在豐台成立分銷處。在宛平、良鄉、涿縣、房山等四處設立第二總經銷處，委託專人包銷。在大興、昌平兩縣設立第三總經銷處；最遠派人至灤縣、唐山實地推銷。但華北其餘各地，如山東、山西等處，僅能用通訊方式聯絡各地農業機關及商號代為推廣而已。[54]

　　總結藥械廠跨過 1945 年，從戰時到戰後的經營，可有以下幾個特點：首先是技術人員方面，各廠負責人，多半在戰前已投身農業化學事業、進入中農所體系，因此戰後赴各地的接收與恢復經營，都以這批技術人員為骨幹。其次，在藥劑生產方面，脫離戰時以無機化學產品為主的型態，轉為以有機化學掛帥，其中尤以 DDT 的最具代表性。再者，新藥用植物魚藤的引進，這種過去僅有少數學者認識，但在日本中介下遍及東亞的物種，更成為此後數十年中國農民熟悉農藥作物。最後，戰後接收的混亂與困難，在上述個案中處處可見，江南地區情況較好，可以有二至三年的發展；華北及東北的工廠在接收時便受到不小破壞，即便恢復生產，除了市內及市郊外，許多地方又很快地陷入戰亂，事業大

---

54 「北平分廠四五兩月份工作概況」（1948 年 6 月）、「北平分廠三十七年度上半年工作進度檢討報告表」（1948 年 7 月），〈病蟲藥械製造廠 37 年 1 至 5 月份工作簡報〉，中央研究院近代史研究所檔案館藏，《農林部檔案》，檔號 20-52-025-02。

受打擊。

　　儘管如此，在吳福楨、馮斆棠等人的努力下，農業
化學事業得以從實驗室走上生產線大量生產，再從生產
線走入田間，通過推廣體系連結生產者與使用者。藉由
事業化的經營，上海總廠的收益也持續補助中華農學
會、中華昆蟲學會經費，雖然不多，但可算是從生產線
回過頭來支持實驗室工作的實例。[55] 而這些戰時及戰後
接收階段奠定的基礎，有不少仍在 1949 年以後發揮
作用。

四、1950 年代的連續與斷裂

　　1948 年末起，東北、平津、上海陸續易手，隨著
政權轉移，農林部各地國營工廠也停工等待接收。瀋陽
分廠已於 1948 年中解散；華北方面，北京人民政府於
1949 年 4 月成立華北農業機械總廠，原先的農林部病
蟲藥械廠北京分廠，被接收後改組成立華北農機廠第一
分廠，繼續生產噴霧器、噴粉器和殺蟲藥劑。[56] 上海總
廠依然維持獨立經營，先是由華東局農林部接收後實施
產銷分離制，但經營情況反而退步，幾近閉廠。而後這
種情形到第一次五年計畫（一五）之後，由上而下確立

55　「中華昆蟲學會收據」（1947 年 10 月）、「中華農學會收據」
　　（1949 年 3 月），〈國民政府農林部病蟲藥械製造實驗廠有關中
　　華昆蟲學會文〉。

56　〈華北農業機械廠開工〉，《人民日報》，1949 年 4 月 16 日，版 1；
　　柏青、商愷，〈北平工業展覽會一角　農業機器介紹〉，《人民
　　日報》，1949 年 6 月 7 日，版 2。

經營方針才有所改善。本書所討論的病蟲藥械廠個案，
正好反映了 1949 年前後兩個政權不同的國家特性，恰
如其分地展現國家對現代事業干預手段多樣化，因此以
下以上海總廠為主，分析其跨越 1949 年這個關鍵年代
的連續與斷裂。

　　1949 年 3 月左右，上海總廠已停工，5 月底上海
市軍事管制委員會接管後工廠名稱不變，6 月即恢復經
營。相較於 1945 年的接收混亂，此時的接收可謂無縫
接軌。進一步來說，根據接管名冊所列，該廠技術人員
幾乎全部留廠，幾無變動。廠長馮斅棠在接收後的自白
中表示，該廠經營處在半企業化階段，因農藥製造屬於
新興事業，需研究、製造及推廣三者兼顧，同時研究與
推廣應該由政府撥款支持，在製造方面則以降低成本、
力求企業化為目標。[57] 此說充分總結 1949 年以前，藥
械廠的發展介於從實驗室到生產線的中間階段。

　　上海市軍管會接收後，重新任命吳開敬擔任廠長，
此時廠內有職工九十三人，生產能力達到藥劑年產九百
噸、噴霧器年產一萬具之規模，顯見 1949 年之接收並
未遭到破壞。[58] 軍管會隨後將上海總廠移交中共中央
華東局農林部，更名為上海病蟲藥械廠，且減少實驗工

57　「上海市軍事管制委員會接管病蟲藥械製造實驗廠擔任具體工作
　　任務職員名冊」（1949 年），〈農林部病蟲藥械製造實驗廠職工
　　移交清冊〉，上海市檔案館藏，《民國時期檔案》，檔號 Q450-
　　1-180；「職工登記表」，〈國民政府農林部病蟲藥械製造實驗
　　廠有關人事、解放前的人事材料、職員工人名單及照片〉。

58　「上海農業藥械廠規劃簡述」（1961 年 10 月），〈地方國營上
　　海農業藥械廠填報的機械工業企業基本情況及規劃調整意見表〉，
　　上海市檔案館藏，《政府系統檔案》，檔號 B116-1-102-20。

作，改為專業生產工廠。其做法便是將原本屬於中農所的技術人員，改撥至中國科學院或華東農業科學所等研究機構，如吳福楨、岳宗進入中國農業科學院，錢浩聲與程暄生進入華東農業科學所。[59] 研究與生產分離，使該工廠轉為專門製造廠，不再維持龐大的研究人力，這一方面是中華人民共和國行政分工的重新調整；另方面也是農業化學製造事業的技術日漸成熟，工廠可以直接專注於量產。

　　1950 年隨著各地生產逐漸恢復，上海總廠也增添兩處廠房土地，並在華東局主導下，派員前往山東張店設立分廠。從表 4-2 生產統計可見，主要產品項目差異不大，魚藤製劑製造與 1948 年相似、DDT（223 乳劑）在 1952 年後產量飆升，但更顯著的是單管噴霧器生產大幅提高，年產量最高可達二十七萬具，意味著經營策略是擴大施灑設備規模。[60] 相較於 1949 年以前、甚至 1945 年以前，工廠像是一處研究、推廣機構，此時的工廠，則完全轉型成專業化工廠、機器製造廠，並以大量生產為最大追求目標。專注於量產的另一個重要變革，是推廣體系從工廠剝離，使工廠能專注於製造。1951 年 9 月華東局成立的華東農業供應社專責於農業資材的分配工作，此後實施產銷分離，農村推廣配售部分由該社統籌分配，上海總廠僅做為生產部門，不再派

---

59 「關於保衛小組概況」（1957 年 5 月），〈國民政府農林部病蟲藥械製造實驗廠各種組織情況〉，上海市檔案館藏，《民國時期檔案》，檔號 Q450-1-205。

60 〈支援各地建設，滿足農民需要　上海工業生產加速恢復和發展〉，《人民日報》，1951 年 9 月 27 日，版 2。

員進行推廣與銷售。[61]

表 4-2　上海農業藥械廠歷年生產統計（1950-1953）

產品	單位	1950	1951	1952	1953
魚藤精	公斤	15,000	5,520	11,470	32,368
223 乳劑	公斤			257,536	969,623
單管噴霧器	具	7,925	38,732	239,941	3,722
小噴槍	具		5,194	7,413	5,009
手搖噴粉器	具	4,005	17,927	11,192	27,276
壓縮噴霧器	具			33,127	

資料來源：〈企業沿革〉（1953 年 11 月），上海市檔案館藏，《政
　　　　　府系統檔案》，檔號 B163-1-74-33。

　　制度實施之初，這樣統包統銷的產銷分離模式帶來
嚴重災難，使生產與需求脫節，造成廠方僅注重大量生
產，對品質與市場不甚重視，致使各省農林廳、合作總
社都積壓大批藥劑及噴霧器。因此華東局不得不檢討調
整體制，於 1952 年結束華東農藥供應社的統購統銷，
改由廠方直接接受各地合作社訂貨。但最重要的，仍是
1949 年附屬於研究機構、病蟲藥械廠的推廣體系，在
此時分離成不同部門，不再占用化工廠的人力資源。大
體而言，1952 年以前生產產品依靠農林部的農藥供應
社分配，1952 年後由各地合作社銷往農民手中，且開
放各地糧食管理部門、衛生部門的訂貨，較能直接地連
結到消費端。產品主要銷售為華東地區，西北、西南及
東北等區也都有流通。但實際上，在 1949 年至 1953 年
間，合作社在農村所供應的農業物資大約僅有零售總值

61　〈中共上海市第三種工業委員會關於地方國營上海農業藥械廠情
　　況的材料〉（1955 年 5 月），上海市檔案館藏，《市委系統檔案》，
　　檔號 A45-1-25-40。

的 15.9% 而已。[62] 換言之，在 1950 年代初期合作化運動大規模展開前，統一供銷體制不能取代傳統農村零售活動，上海總廠的經營困境，或許也能反映此點。

　　1952 年時上海總廠職工已擴大到四百五十人，產品每月可生產單管噴霧器二萬具、各式藥劑四十萬斤。組織改造後設有二位副廠長，第一副廠長管理技術科、生產科；第二副廠長管理總務科、人事科及供銷科；廠長直接管理技術檢驗科、會計科、計劃科及祕書室。實際生產由車間主任負責，設有藥劑製造車間、工具沖壓車間、裝配車間及另件製造車間，工作母機五十餘部。生產原料絕大部分是國產，少部分化工原料從蘇聯進口。[63] 值得注意的是，由於技術人員回歸研究機構，因此工廠不再從事藥劑實驗與技術改良，1953 年廠內生產線勞工三五七人，其中技術工有二五一人，但多數技術水平只有二至三級（十級最高）。對此上海總廠黨委會開辦業餘技術訓練班，在生產淡季的 10 至 12 月份上課，教授車工、銑工、刨工、鉗工等；另外在生產車間實施師徒合同培養技術勞工，以此提高生產技術。[64]

62　〈上海病蟲藥械廠概況〉（1953 年 11 月），上海市檔案館藏，《政府系統檔案》，檔號 B163-1-74-49；程子華，〈5 年來供銷合作社的發展〉（1954 年 9 月），黃道霞主編，《建國以來農業合作化史料彙編》（北京：中共黨史出版社，1992），頁 224-226。

63　〈華東農林部上海病蟲藥械廠關於組織改革工作方案〉（1952 年 5 月），上海市檔案館藏，《市委系統檔案》，檔號 A37-1-46-22；〈上海市人民政府關於原屬華東農林部的上海病蟲藥械廠現由上海市工業局負責接管的指示〉（1953 年 3 月），上海市檔案館藏，《政府系統檔案》，檔號 B163-1-50-23；〈中共上海市第三種工業委員會關於地方國營上海農業藥械廠情況的材料〉（1955 年 5 月）。

64　〈中共上海農業藥械廠委員會關於 1953 年培養技術工人的總結

配合 1953 年一五計畫，上海總廠移交上海市工業
局主管，改為地方國營事業，再更名為上海農業藥械
廠，繼續由吳開敬擔任廠長。據吳氏提交之報告指出，
上海總廠經營的問題在於生產銷路不明確，農藥及器械
都因無法流通而積壓在廠內，更導致負債累累資金周
轉不良，嗣後挑戰十分艱鉅。[65] 這樣的觀點，印證了共
和國初期制度調整的問題，也說明為何在 1943 年病蟲
藥械廠成立時，需要投入大量人力進行推廣。蓋因農業
化學事業發展之初，來自田間實作的需求，如何能快速
有效地反映到生產端，是此一產業最大的挑戰。進而言
之，產銷分離另一個延伸的麻煩，是因無法獲得使用
者回饋，而使得產品質量不穩定。1954 年時上海市郊
蔬菜區新涇、龍華、楊思及大場等地農民向上海市委
反映，指出藥械廠生產 DDT 乳劑效果不佳。農民批評
1953 至 1954 年產的藥劑產品甚差，遠不如私營力行化
工社出品的 223 乳劑效果好。楊思區春塘鄉農民孫福根
還寫信給該廠表示：「你們的產品，假使是私商經營的
話，那是一定要給人批評是偷工減料，你們簡直是賣的
黃浦江水」。上海總廠一開始先以部分昆蟲產生抗藥性
作為託詞，不願承認是產品的問題；後來才承認是因為
大規模生產的緣故，導致產品品質不穩定，承諾改善生

報告〉（1954 年 3 月），上海市檔案館藏，《市委系統檔案》，
檔號 A51-1-9-156。

65 〈上海市工業局關於接收上海病蟲藥廠呈送的交接協議書及資產
財務報表的報告〉（1953 年 5 月），上海市檔案館藏，《政府系
統檔案》，檔號 B163-1-50-17；〈上海市工業局關於任命吳開敬
同志為上海農業藥械廠廠長的通知〉（1953 年 10 月），上海市
檔案館藏，《政府系統檔案》，檔號 B163-1-46-16。

產管理。[66]

　　缺乏技術人員以及廠房空間飽和，也使得上海總廠開發新產品的步伐受限。1953 年中國科學院有機化學研究所在上海附設的小型工廠，成功生產種子消毒劑賽力散（又稱西力生，是有機汞製劑），上海市工業局爭取將該生產線轉移至上海總廠，但後來因廠方缺乏研究能量，以及廠內已無空間設置新機器，所以該套產線移往瀋陽。[67]

　　回顧 1950 年代初期上海總廠經營的起伏，雖然在人員、生產技術方面表現明確的延續性，但在政策上卻有顯著的斷裂。實施產銷分離與企業化經營的結果，上海總廠做為專業製造單位，在生產規模上超過 1940 年代甚多，但反而陷入經營困境，一度希望放棄藥農業化學產品的生產，企圖轉型製造縫紉機。1953 年上海市工業局的報告即指出這種過度樂觀、盲目擴張的問題，「對於該廠二三年內的生產方針，實有詳加研究之必要」。[68] 所幸上海市當局認為上海總廠是中國歷史最悠久之農業化學工廠，且農藥生產在農業發展上極為重要，因此不同意該廠改變生產方向。至 1954 年 6 月中共中央農業會議上，明確決定要扶植上海總廠做為農

66　〈關於地方國營農業藥械廠生產的 25% 滴滴涕乳劑藥效的意見的報告〉（1954 年 8 月），上海市檔案館藏，《政府系統檔案》，檔號 B46-2-62-46。
67　〈中央人民政府農業部關於我部擬將賽力散試劑小型工廠移交上海病蟲藥械廠接收的函〉（1953 年 10 月），上海市檔案館藏，《政府系統檔案》，檔號 B163-1-50-12。
68　〈企業沿革〉（1953 年 11 月），上海市檔案館藏，《政府系統檔案》，檔號 B163-1-74-33。

藥器械生產的重要機關，才使得藥械廠經營方針得以
確立。[69]

　　從宏觀的角度來看，上海總廠面臨經營方針轉換
的混亂階段，與 1950 年代以後共和國整體的化工事業
發展有關。據 1956 年上海市工業局所訂的發展規劃所
言，1950 年以前中國的農藥工業只有上海總廠、北京
分廠及瀋陽分廠三處，1950 年代以後各地陸續建立農
藥工廠，至 1950 年代中期已有二十餘處。如表 4-3 所
列，這些工廠又可以分為原料廠與分裝廠兩類，又因
為化工原料製造需要較高技術，故呈現出加工分裝廠
多，而原料製造廠少的現象，使得整體化工業難以平衡
發展。

　　少數原料廠大多是國營化工廠，建立在瀋陽、天津
等具備相當基礎的工業基地，而加工廠則分布於各處。
就產品而言，新設立的原料廠主要生產 666 及 DDT 原
粉；分裝廠則將 666 原粉分裝為粉劑、以及加工製造
DDT 乳劑等，分散於各地。[70] 另外還有包括上海藥械
廠等六處工廠介於兩者之間，生產除了傳統的硫酸銅、
砒酸鈣等舊式無機藥劑外，僅有上海藥械廠生產魚藤製
劑，換言之，相對於新成立且產線一致的工廠，上海總
廠明顯地有不同發展軌跡，且自日本接收的魚藤生產
線，在 1950 年代成為獨家產品。

69 〈中共上海市第三種工業委員會關於地方國營上海農業藥械廠情
　　況的材料〉（1955 年 5 月）。
70 〈地方國營上海農業藥械廠關於發展農藥生產遠景的規劃（1956-
　　1962）〉（1956 年），上海市檔案館藏，《政府系統檔案》，檔
　　號 B220-2-84-1。

表 4-3　1956 年中國大陸農藥工廠一覽

企業性質	廠名	所在地	主要產品	生產類別
國營	天津化工廠	天津	666 原粉	專製原料
國營	大沽化工廠	大沽	666 原粉	專製原料
國營	瀋陽化工廠	瀋陽	666 原粉	專製原料
國營	東北製藥總廠	瀋陽	DDT 原粉	專製原料
國營	四川製藥廠	四川瀘縣	DDT 原粉	專製原料
地方國營	南京氣體廠	南京	溴化甲烷、氯乙醇	專製原料
地方國營	上海農業藥械廠	上海	魚藤精、DDT 乳劑、24 滴	原料及加工
地方國營	張店農藥廠	山東張店	氯化苦、666 粉劑、可濕性 666	原料及加工
地方國營	湖南農藥製造廠	湖南湘潭	砒酸鈣、砒酸鉛、666 粉 DDT 乳劑	原料及加工
國營	瀋陽農藥廠	瀋陽	硫酸銅、666 粉劑、可濕性 666	原料及加工
地方國營	瀋陽化學廠	瀋陽	西力生	原料及加工
公私合營	合肥農藥廠	安徽合肥	666 原粉、粉劑	原料及加工
公私合營	鎮江農藥廠	江蘇鎮江	666 粉劑	加工分裝
地方國營	浙江製藥廠	浙江杭縣	DDT 乳劑	加工分裝
地方國營	江西製藥廠	江西南昌	DDT 乳劑、666 粉劑	加工分裝
地方國營	福建製藥廠	福建福州	666 粉劑	加工分裝
地方國營	鄭州製藥廠	河南鄭州	666 粉劑、可濕性 666、可濕性 DDT	加工分裝
地方國營	四川農藥加工廠	四川重慶	666 粉劑、可濕性 666、硫酸銅	加工分裝
地方國營	西安農藥廠	陝西西安	666 粉劑、可濕性 666	加工分裝
地方國營	雲南農藥廠	雲南昆明	666 粉劑	加工分裝
地方國營	新疆農藥加工廠	烏魯木齊	666 粉劑	加工分裝
公私合營	晨光製藥廠	北京	666 粉劑	加工分裝

資料來源：〈地方國營上海農業藥械廠關於發展農藥生產遠景的規劃（1956-1962）〉（1956 年）。

　　對於戰後初期的農業現代化發展，上海市工業局認為，中國新式農藥產業有幾個基本現象：首先是藥劑品種太少，高度依賴 DDT 與 666 粉這兩種基礎原料及其加工衍生商品，對其他高效率農藥開發及生產不足。其

次是多數化工廠都以進口加工為主，僅有少數國營化工
廠生產原料，基礎產能堪慮。此外產品品質不穩定、大
部分地方工廠設備簡陋技術不足等問題，也都限制農藥
生產進一步擴大的可能。值得注意的是，上海市工業局
也總結了農藥工廠經營的三個特點：其一是產品性質多
樣，既有原藥製造，也有加工生產；既有粉狀藥劑，也
有液狀藥劑。因此在工廠內可能會有許多個性質截然不
同的車間，進行各種不同生產。其二，一般農藥生產都
是有毒的，甚至具有易燃性，因此需要特別注意生產安
全，尤其要避免將廠房設於人煙稠密之處。其三，由於
每種農藥都有特定的使用方法和使用範圍，因此需要個
別適用與推廣時間，所以不可能一下就建立大型生產設
備，而是需要經歷兩至三年的中間型工坊階段。[71] 此一
觀點可說與本書多次強調的，農業化學產業從實驗室到
生產線的發展歷程十分一致，亦即經過小步探索、結合
實務需求，才能確定有效生產方針。

　　針對上海藥械廠的個案，工業局的發展報告也指
出，上海總廠優勢在於其為最早建立的農藥廠，相對技
術經驗較多；同時也是上海地區唯一的農藥工廠，1949
年以前即生產魚藤粉、魚藤精、DDT 製劑和 666 粉劑
等農藥。其中魚藤製劑更是中國唯一生產的工廠，主要
原料魚藤多數來自廣西、部分進口。由於未來預期魚藤
精的需求量將隨著農業生產逐年提高，因此 1955 年中

71　〈地方國營上海農業藥械廠關於發展農藥生產遠景的規劃（1956-
　　1962）〉（1956 年）。

央農業部提出半年內需要四百噸的目標。至於另一項
產品 DDT 製劑（223 乳劑），中國也僅有四家工廠生
產，分別是上海農業藥械廠（年產十八噸）、湖南農藥
廠（九至十噸）、浙江製藥廠（九至十噸）、江西製藥
廠（九至十噸），上海廠的生產仍占有領先地位。當時
中國產量最多、使用最大的 666 粉劑，上海總廠雖是最
早從事生產的工廠。但由於新工廠都以 666 粉為主，競
爭者眾，加上原料都需要從外地運來，在滬生產並不划
算，於是自 1953 年起停產。[72]

　　到了 1955 年合作化運動展開後，配合一五計畫，
中國各地農村快速引進各種新式生產設備、化學製品，
以提高農業產量。職是之故，各界對於農藥及施灑藥劑
的需求大幅提高，上海總廠也決定以施灑設備為主。[73]
這是因為當時農藥工廠不少，但噴霧器、噴粉器等施灑
設備僅有上海總廠與華北農機第一分廠生產。1955 年
起配合中共中央公私合營的社會主義改照方針，私營工
廠陸續被吸收整併納入公營事業體系中，上海總廠做為
華東地區重要國營工業基地，也陸續分批吸收一四九個
上海當地小工廠，其中以縫紉機中小工廠最多，達到
一一六廠，消防設備也有十九個廠。其他則是五金、翻
砂等金屬工廠。新增加的這些機械五金工廠，提供上海
總廠施灑設備生產的基礎。吸納這些小工廠，也使得上

72　〈地方國營上海農業藥械廠關於發展農藥生產遠景的規劃（1956-
　　1962）〉（1956 年）。

73　〈各地增產新式農具和化學肥料　積極支援合作化運動〉，《光
　　明日報》，1955 年 10 月 25 日，版 1；張淺，〈工人報紙應加強
　　農業合作化的宣傳〉，《人民日報》，1955 年 11 月 30 日，版 3。

海總廠生產規模急速擴大，至 1950 年代末職工規模已逾一千七百人以上，但另方面也因為這些小工廠的特性，多數職工都僅有初中以下教育程度，只有三十五名技術幹部，所以說是完全以大量生產的模式經營了。[74]

　　至於藥劑製造工作，上海市政府認上海總廠生產在國內居領先地位，但由於過去生產緊縮的方針，使得生產受到限制。應充分利用上海眾多科研機構、技術資源豐富，加上周邊配合的產業（如包裝、工業原料等）也成熟、交通便利之優勢，擴大成為農藥生產中心。因此於 1957 年規劃上海總廠遷移至市郊覓地擴建，一方面可以解決廠房狹小的問題，並建立較好的工安環境；另方面遠離市區後可以試驗危險性較高的各類產品，降低生產風險。[75]

　　最終在 1958 年上海市政府決定桃浦區綠陽橋附近設立新工廠，改稱上海農藥廠，並放棄 DDT 乳劑生產線，且將魚藤製劑生產線轉移至即將成立的廣州農藥工廠。新工廠憑藉原有熟練工人，換裝新式產線，生產包括敵百蟲（Diptenex）及甲基 1059 等新農藥。敵百蟲是一種有機磷殺蟲劑，由德國拜耳藥廠發明，1957 年上海信誠化工廠首先在實驗室試製成功，市政府隨即將產線移往上海農藥廠生產；甲基 1059 也是有機磷殺蟲

74　〈地方國營上海農業藥械廠關於計劃歸各廠的具體安排意見〉（1956 年 1 月），上海市檔案館藏，《政府系統檔案》，檔號 B155-2-126-2；〈第二次職工教育經驗交流會議材料〉（1959 年 11 月），上海市檔案館藏，《政府系統檔案》，檔號 B105-7-733-30。

75　〈地方國營上海農業藥械廠關於發展農藥生產遠景的規劃（1956-1962）〉（1956 年）。

劑，過去中國曾少量自東德及蘇聯進口，此時則希望利用新設備製造此種毒性較低的藥劑，以達到進口替代的目標。[76]

　　從本節的討論中大抵能看到，農業化學事業進展，政府政策扮演重要角色。跨越 1949 年的差異，先是打破過去所建立的推廣與銷售制度，改以統銷方式分配農藥及施灑設備。做為專業生產工廠，上海總廠固然快速達成從實驗室到生產線的過程，但是卻引起從生產線到田間實作的割裂，使得生產與需求脫節，工廠幾近倒閉。1961 年廠方派技術員前往農村調查，還驚呼農村實際使用與工廠內預期充滿落差，由此可見推廣銷售與生產相互配合的重要。[77] 此外，與市場的脫節，也使得產品質量下降，除了前文提及 DDT 藥效不佳的問題外，還曾發生魚藤精包裝不良而變質、223 乳劑配方不當導致乳化不良等情形。[78] 這種情況直到政策上確立合作制度，並將上海總廠做為政策重點之後才有所改善。

　　從 1949 年至 1956 年經歷八年發展，上海總廠仍舊以 1940 年代的魚藤製劑、DDT 製劑等產品為主；惟在生產規模上擴大甚多。這或許也因該廠研究人員比例降低、放棄實驗工作，轉以量產為目標。有趣的是，魚藤

76　〈上海市化學工業局關於報送新建上海農藥廠設計任務書請速批閱的函〉（1958 年 1 月），上海市檔案館藏，《市委系統檔案》，檔號 A54-2-434-1。

77　〈上海農業藥械廠訪問農村受到啟發　支援農業要細緻　每件產品附說明〉，《人民日報》，1961 年 12 月 9 日，版 1。

78　〈地方國營上海農業藥械廠關於發展農藥生產遠景的規劃（1956-1962）〉（1956 年）。

製劑的生產在該廠延續十年左右，甚至 1960 年代成為中國農村重要農藥之一；若不從戰前發展經驗探究，無法得知魚藤製劑引進利用的曲折過程。

小結

以病蟲害防治為目標的農業化學利用，有別於品種改良、肥料及機器推廣等農業現代化工作，具有更高的社會組織要求。1946 年病蟲藥械製造實驗廠在無錫推動的螟蟲害防治的經驗，充分反映新式農業化學利用的特點。當時留學日本早稻田大學的農業專家、無錫縣縣長徐淵若，與病蟲藥械廠合作在無錫選定示範區施灑新式農藥，他對農民演講時特別說出「治螟如同剿匪，不治螟者以窩藏土匪論」，[79] 說明病蟲害流佈影響如同匪患，若缺乏具強制力、組織化的共同防治，部分未曾施藥或除蟲的田地往往危害周圍甚烈。由此可以看到農藥推廣與病蟲防治工作所具有的特殊性與強制性，甚至與傳統農村的村設組織、以即現代的國家基層組織相互結合，由此農業技術引進與發展的視角出發，或許能提供近代農村轉型研究另一思路。

---

79 「本年無錫防治水稻螟蟲考察報」（1946 年 10 月），〈35 年病蟲藥械專門委員會工作報告〉。徐淵若（1906-1951），本名文博，字淵若，江蘇江陰人，日本早稻田大學農業金融系畢業，曾任農復會職員、光華大學教授、浙江省龍泉縣縣長。1946 年擔任無錫縣長，1948 年調任江蘇省參議會秘書長，1951 年遭槍斃。見橋川時雄編，《中國文化界人物總鑑》，頁 340；周道，〈范惕生與徐淵若〉，《無錫鄉訊》，期 7（1970 年 5 月），頁 1。

　　若將此一過程分為從實驗室到生產線的發展、從生產線到田間實作的推廣工作兩大部分。自 1935 年中農所實驗工廠起，至 1943 年正式成立病蟲藥械製造實驗廠之前，該事業屬於實驗室階段，產量甚低，也遠談不上收益或保本自足。此時工作重點在田間的調查、小規模實驗，蒐集相關藥劑使用經驗以及開發新藥劑，政府或外部機構的資助，是此時期事業發展的主要力量。1943 年病蟲藥械試驗廠成立，到 1950 年改變生產方針乃至翌年產銷分離之前，屬於第二階段，介於實驗室與生產線之間，產量已有提升足以出售牟利，也未停下開發新藥劑的腳步，甚至能反饋支持中華農學會、中華昆蟲學會等學術團體的運作。而值得注意的是，此一階段對生產線到田間實作的推廣工作同樣十分重視，多次派遣技術員至各地推廣示範，也通過三級供銷體系蒐集使用情報，做為藥劑生產的參考。1951 年產銷分離後至 1958 年另設新廠之間是第三階段，實質上已完成從實驗室到生產線的過渡，工廠以量產為任務，技術人員也多歸建研究單位。但此時的生產技術多半延續 1940 年代的基礎，製造魚藤製劑、DDT 製劑等，並未如前一階段生產工廠同時維持大量研究人員的編制，從事新藥研發或製程改良的研究工作；此外，第三階段也不注重派員至田間調查推廣，一度陷入經營困境甚至考慮放棄農業化學事業。換言之，探討農業化學事業從實驗室到生產線的發展歷程，不能忽視連結生產線與田間實作的關係，這是從本書經營個案可發現的重要經驗。

　　其次，本章討論的時間跨越 1945 年和 1949 年兩個關鍵年代，特別是經歷了兩次接收的斷裂與連續。在戰後初期的接收中，一方面病蟲藥械製造實驗廠個案展示接收的混亂與經營阻力，如上海總廠接收的設備其實並非真正用於化學藥劑，而是油脂加工廠；北京及瀋陽的接收更面臨治安問題、生產設備殘破，乃至原料及成品銷售網路中斷等問題，造成兩處分廠經營困難。另方面，由於國際間化工業的進步，有機化學藥劑日新月異，使得生產方式簡單的無機化學藥劑相形見拙，藥械廠也試驗新藥劑，取代過去舊產品，在生產技術上有所突破。此外隨著戰後復員向華東地區轉移，過去的推廣示範體系也隨之重建，從檔案能看到上海總廠對重建推廣銷售體系極為重視。不過跨越 1949 年的變化中，雖然生產人員及藥劑產品基本上與 1940 年代並無太大差異，但最大不同便是打破原有的產銷關係；由於產銷分離，生產與需求脫節，盲目樂觀大量生產施灑設備供過於求，導致經營不善而重新檢討經營方針。無論 1940 年代或是 1950 年代，相關報告中都反覆出現農業化學在中國屬於新興事業，必須由政府支持、不計成本地推廣示範以求穩定發展，絕非一蹴可幾的警示，藥械廠發展軌跡能充分印證此說。

　　第三，借助病蟲藥械廠的個案，也能觀察到 1949 年前後截然不同的國家干預型態。南京政府時期，國家對農業化學事業的支持，表現在國際合作、科研人力，以及公營行庫貸款等方面，由藥械廠自行研發產品，並進入農村推廣銷售。此一方針固然對事業發展之初，需

要協調從實驗室到生產線，再到田間實作的各個程序極
為重要，但缺點則是使工廠的角色複雜，難以真正大規
模生產。中共建政之後，挾帶著強大的農村基層力量，
將生產、銷售及研究拆開，分別由黨組織協調控制。此
措施最初出現許多混亂，導致生產與需求脫節，但也確
實達到了大規模量產的目標，使國家掌握更多的物資分
配權力，得以進行基層組織的動員。農業化學事業的
個案，顯然也能具體而微地觀察到現代國家建構不同
取徑。

　　總而言之，農業化學產業是現代工業、製造業之一
環，卻關係著傳統農業部門的轉型。在現代部門發展之
際，也影響了傳統部門的變革。藥劑廠生產的藥劑不僅
用於農業生產，也用於公共衛生；生產之人員不僅在工
廠內工作，也必須頻繁前往鄉間推銷或蒐集使用情報。
此外，農業化學整體推廣工作也與學術教育機構、政府
組織密切結合，意味著新知識、人員、產品從城市到鄉
村的流動。甚至這種知識與產業的關係，絕非中國內部
封閉系統，而是深受國際影響，一方面是隨著化工知識
的進步，藥劑產品隨之推陳出新；另方面是國際援助與
技術合作交流，支持戰後農業化學事業的發展。文中
多次提到的魚藤製劑及 DDT 製劑，正是這種跨區域知
識、物資流動的案例。

　　以農林部病蟲藥械廠為個案的研究，不僅得見近代
中國農業化學之人才養成、生產技術變化，從中展現從
實驗室走向生產線、乃至連結田間實作之曲折故事。未
來或許能以農業化學利用為基礎，探討農藥、肥料在近

代農村的推廣利用經驗，以此思考新式農業事業對農村
社會、乃至現代部門帶來的刺激，期能更進一步理解近
代農業轉型的種種變革。

結論

農業化學事業的發展軌跡

19 世紀德國科學家沃勒、李比希等人，先後利用化學方法分析植物、合成有機化合物，開啟有機化學、農業化學的時代。這些新技術結合了博物學者們海外探險的物種調查、知識探索，使農業生產從作物選擇、品種改良，到通過化學產品提升土壤肥力和防治病蟲害，乃至於開啟各種農產加工應用的產業，此一過程建立了歐洲人所主導的帝國主義秩序。與此相對地，以農業做為最主要經濟活動的中國與日本，18、19 世紀亦曾出版許多農業技術專門書籍，這些書籍內容均涉及到品種分辨、作物經營、土地肥力等技術，甚至也已經利用石灰進行農業環境的改造，唯獨在病蟲災害的應對手段上，顯得十分無力，以蝗災來說，只能憑藉大量人力排除害蟲。19 世紀下半，西方新式農業科學傳入中國與日本，運用新式化學知識來分析農業生產的作法，很快引起知識分子重視。

受到傳統農業立國的影響，晚清士人對農業議題並不陌生，官員奏摺中強調重農治生的言論屢見不鮮。接觸新式農業知識後，如魏源、王韜、鄭觀應等知識分子，很快在不同的場合中宣傳引進「西學」的重要性。

有趣的是，這些知識分子所認識的西學，最重要知識來源之一是日本，翻譯「東學」的新式農業知識在 1890 年代的知識體系中占有重要地位。其中最有代表性的團體與刊物，即是 1896 年成立的上海農學會，以及他們的機關刊物《農學報》。羅振玉主持的《農學報》，是以翻譯歐洲及日本的農學新知、轉載國內農業法令或公牘，以及介紹各種農業商情為主的重要刊物，自 1897 年至 1906 年間一共發行了三一五期，刊載了超過一千篇的文章。為了更快地翻譯日本知識，羅振玉還在同一地址成立了東文學社，專門培養日文翻譯人才。這樣的現象，充分反映 19 世紀下半中國知識分子對新式農業知識的高度興趣。

民間團體推動的同時，張之洞、劉坤一等督撫，也注意到新式農業對地方發展的重要性，上奏籌設農業學堂，於是有湖北農務學堂及江蘇農務學堂的建立。清廷也在 1902 年京師大學堂設立時，成立農學院，做為中國新式農業引進的重要基地。東亞新式農業教育的濫觴，始於 1870 年代日本所成立的駒場農學校，1890 年代併入帝國大學。日本的新式農業教育，大幅增加農業化學的相關課程，舉凡化學分析、有機與無機化學製造，以及農產加工利用等，農業化學成為這些新式農業教育的核心知識。20 世紀以後，中國的金陵大學、東南大學、中山大學等大專院校也相繼成立農學院，從他們的課程，同樣可以發現農業化學的廣泛運用，這一點成為新舊農業最大不同之處。

19 世紀末至 20 世紀初的農業化學利用，除了農產

品加工諸如釀造、防腐或發酵的產學研究外，最重要的
還是化學肥料與病蟲防治藥劑兩方面。誠如本書緒論所
言，肥料的施用在傳統中國農業技術中占有極大篇幅，
農民對如何施肥早已具備豐富經驗，是一項高度成熟的
技藝。化學肥料的出現，更多的是替代了傳統豆粕、糞
肥，對傳統的農業生產體系造成的衝擊較少。但病蟲防
治藥劑，在使用上就需要考慮社會組織、簡易化學知
識，甚至新式施灑工具等複雜層面。更有甚者，病蟲害
防治是中國傳統農業生產的重要難題之一，於是如何運
用新式農業知識、農業化學藥劑解決病蟲問題，變成為
農業轉型的指標之一。

　　20 世紀初，病蟲害防治藥劑的應用，可以分為無
機化學產品及有機化學產品兩大類。無機化學產品主要
是礦物加工，具備生產容易、價格低廉的優勢；有機化
學產品則是利用植物萃取加工，在殺蟲效力上具備更高
的指向性，對植物或農夫的誤傷較少。無論中國與日
本，病蟲藥劑發展之初，都是以無機化學農藥為主；但
研究者更熱衷於探索有機化學製劑，推動藥用作物化工
產業的發展。此時最重要的藥用作物，分別是魚藤、除
蟲菊與菸草。根據魚藤與除蟲菊的加工個案可以發現，
儘管化學知識係自歐美國家引進，但東亞國家在接受這
些「西方經驗」十分積極，也對這些事物大幅改造。例
如魚藤的品種調查與化學定性中，日本學者做出的貢獻
不下於歐美學者，很快地魚藤藥劑發展為日本戰前重要
的病蟲藥劑之一，至 1930 年代日本國家力量也深深介
入魚藤的生產、移植與栽培工作，使之成為「進口防

遏」的國策事業。中國方面也很快接受除蟲菊，並出現多家企業競相推廣除蟲菊的栽種，不少農家也迎向這種新興經濟作物的種植。中日經驗比較之下，明顯勝出一截的日本，在明治時期已由國家力量推動產業政策，設立學校、開闢農事試驗場，並確立農業推廣行政，針對這些基礎工作，日本化工企業在 20 世紀初期就已經取得了相當成果。中國方面來自國家力量的支持，就必須等到 1920 年代以後才稍有進展。

1922 年江蘇省昆蟲局成立、1924 年浙江省昆蟲局成立，此後江西、廣東陸續成立昆蟲局，與當地大專院校合作，推動新式農業中的病蟲害防治工作。1931 年中農所成立，集結當時中國的技術專家從事新式農業研究，自然也包括病蟲害的調查、研究與防治工作，也與農業化學製劑的使用脫不了關係。1934 年中農所希望能建立自己的化工廠，專門生產病蟲藥劑與器械，在獲得洛克菲勒基金會的資助下，1935 年這所簡易工廠正式成立。儘管工廠十分簡陋，但藉由新式生產方式製造的藥劑器械，在實際應用中取得不錯成果，使政府當局決定擴大經營規模。可惜因中日戰爭爆發，此一擴廠工作無疾而終。1938 年中農所西遷至成都，洛克菲勒基金會繼續支持的農業化學製劑工作。由於戰爭情勢下對糧食增產、減少損失的需求更為強烈，1942 年中農所的小工廠終於正式擴廠，改組為病蟲藥械製造實驗廠，這是近代中國農業化學事業從實驗室走上生產線的轉捩點。

從戰時病蟲藥械廠的經營個案來觀察，產品方面主

要是生產門檻較低，能大量生產售價低廉的無機化學產品，符合戰時克難的生產條件以及農村的實際經濟狀態。為了維持研究能量，病蟲藥械廠與中農所結合，安置大量技術人員，這些技術人員在廠內從事研發製造，也組織各種學會與讀書會，並非單純的生產事業。如無國家力量的支持，這樣的編制很難見於普通工廠中。從此時農業化學的技術官僚之背景分析，19世紀下半翻譯日本知識的情況，到了1930年代以後轉變為大量自美國取得學位，以及國內大專院校培養的技術人員成為主流，在知識的脈絡上更直接地來自歐美的學術界。這樣的案例，或許也反映近代中國在新式農業知識上的發展正急起直追。

國家力量的支持，不僅在於實驗室與生產線外，更仰賴整體的農業行政與推廣體系。戰前農業化學推廣體系的進展甚微，但戰時動員體制下，在大後方的農村中，農林部與病蟲藥械廠可以建立超過三百個推廣點，農民對使用這些藥劑產品的意見，也能通過推廣人員反映到生產端，這是農業化學事業發展的另一項重要轉變。1945年戰爭結束後農林部接收大量敵偽產業，其中即有日本的農業化學製藥工廠，因此很快地將病蟲藥械廠遷回上海，但可惜的是1945-1949年間農業行政體系並未能在華中重新建立如大後方的產銷推廣體系，因而導致上海總廠的營運不佳；更有甚者，因為重慶工廠的遷移，原本在西南地區的產銷推廣體系也無以為繼，最終使得兩端都蒙受損失。

農林部在淪陷區接收與試圖重建農業化學生產的努

力，正是此時國家重建的機會與困境之縮影。藉由接收的機會，病蟲藥械廠取得上海總廠、北京分廠、瀋陽分廠的生產設備，更取得日本在臺灣種植魚藤、在華北與東北生產魚藤藥劑的技術；與此同時，也取得美國最新的 DDT 生產技術。看似在技術層面上，農業化學事業理應突飛猛進，快速取得成果。然而在接收的人謀不臧、金融貨幣動盪、政府對地方控制力薄弱，導致遲遲未能建立有效的推廣體系。此一斷裂，要等到 1950 年代以後才恢復穩定，中共在舊有基礎上裁撤技術人員、建立農村分配系統，將之設定為單純的農業藥劑工廠。

從本書所探討半個多世紀間，農業化學事業引進東亞的發展轉折，可以看到知識來源的轉變，國家主導作用的提升，以及在 1945 年及 1949 年兩個關鍵年代中，國家重建的機遇與挑戰。農業化學的使用，象徵著人們對於農業生產、環境控制力量的提升，也是國家借助新手段控制地方社會的契機，無疑十分具有研究意義。接著分別從知識傳遞與在地化、國家政策轉變的契機，以及人與環境的關係等多重面向，探討近代中國農業化學事業的啟示。

知識的轉譯與在地化

知識傳播過程中產生的變化、在地化，是歷史學者、社會學者深感興趣的課題，這種傳播轉化，又被稱為「行動者網絡」（actor–network）。在拉圖爾（Bruno Latour）的解釋中，做為觀察對象的人、物或知識、概

念等行動者，借助網絡的連結而彼此發生關係。不同觀念之間的互動，往往面臨文化、歷史、社會組織的差異，也會在行動者之間產生不同的演化，此一過程即是概念轉譯，這種轉譯變化的關係，造成社會發展的差異。[1] 本書所討論的農業化學知識，正是這樣知識轉譯的個案。

若將農業化學知識視為是行動者，那麼源起自十九世紀歐洲的化學學科發展推動了這個領域的進展，也成了歐洲國家向全世界擴張的有力工具。此一概念傳到東亞，自然也引起東亞國家的注意，積極的引介農業化學知識。彼時主要取得知識的渠道中，最重要的是公私團體展開的翻譯工作，明治日本建立的農學校大量翻譯農業化學書籍；晚清成立的各地農學團體，也積極進行同樣的工作。然而有趣的是，中國知識分子對農業化學知識的接觸，除了一部分直接來自西文之外，更大部分來自日本的中介，換言之，日本知識分子對西學的初步掌握與消化，成了推動晚清中國認識世界的重要媒介。[2] 當然，這樣的媒介乃世易時移，隨著 20 世紀之後，中國建立了新式教育體系、援引歐美留學技術人才後，在農業化學知識的建構過程中「東學」所佔的比重快速下滑，顯示了此一網絡的變化。

然而有趣的是，在行動者理論中特別注意的在地化

1　Bruno Latour, *Reassembling the Social: An Introduction to Actor-Network-Theory* (Oxford; New York: Oxford University Press, 2005), Introduction.

2　潘光哲，《晚清士人的西學閱讀史（1833-1898）》（臺北：中央研究院近代史研究所，2014），頁 346-350。

問題，日本的農業化學經驗提供了另一重要轉折。從本書第二章探討的魚藤與除蟲菊個案可以發現，日本在引進西方農業化學知識的同時，更積極地實踐轉譯與在地改造，例如在魚藤藥劑的利用與製造事業的進展，日本就成為僅次於美國與英國的重要中心；甚至 1930 年代取代了巴爾幹地區成為世界最大的除蟲菊產地。日本的在地化與轉譯工作，也以另一種形式影響中國。19 世紀末以知識輸出的形式為主，但是到了 20 世紀中葉，日本建立的農業化學工廠，成了戰時及戰後中國生產農業化學藥劑的重要基地。甚至在臺灣建立的栽培事業，跨海支持了華北與東北的農業生產。起源於西方的農業化學知識，在進入東亞之後的轉譯，顯得十分曲折壯闊。或許這麼理解，晚清直接轉譯的「東學」知識，在半個世紀後，經過日本更為徹底的消化，成為在地化的知識後，又以知識之外的形式深深影響了東亞世界。

進而言之，知識轉譯的過程中，十分重要的一點，是轉譯的動力。社會對新知識、新事物的接受與改造，可能建立在相似傳統的變造、或是經濟利益的吸引，甚至可能是 19 世紀以後民族主義帶來的想像。[3]農業化學知識的傳播，在肥料利用上，高度與中日兩國的傳統農業經營知識結合，因此所產生的衝擊較少。但在本書所討論的農業化學藥劑中，改變過往僅能利用人力進行病蟲害防治的局面，借助施灑藥劑，可以大規模防除蟲

3　張寧，《異國事務的轉譯：近代上海的跑馬、跑狗與回力球賽》（臺北：中央研究院近代史研究所，2019），頁 436-440。

害、減少農損，帶來新的生產利益。從農業化學知識轉
譯的商業動機來看，除蟲藥劑具備龐大的市場，日本較
早建立完善的產銷體系，使農業化學知識很快轉化為農
業化學工業；但中國的產銷體系，必須等到 1940 年代
才逐漸完善，這也充分顯示了中日兩國在同時接受農業
化學知識後，明顯的在地化落差。農業化學藥劑之所以
需要特別的產銷體系，與他的產品性質、施灑知識、科
學試驗乃至於社會組織有關，因此有必要進一步討論農
業化學藥劑施灑應用的特殊之處。

　　農業現代化是 19 世紀以降經濟發展、社會變遷的
重要課題。在科學知識推進的基礎上，出現農業機器、
化學肥料、病蟲藥劑或是各種品種改良，深深改變農業
的樣貌。這種現代化的過程，不僅是生產技術本身，更
涉及到社會組織的變化，以及對傳統農村秩序的衝擊。
以農業機器的利用來說，機器的設計與生產，當然存在
於城市當中，但都市裡的機器商人為了要將產品賣給農
村的農民，必然需要在農村設立據點，負責各種推廣銷
售、維修保養，或是教學課程的服務，這樣的商機，帶
動了都市與鄉村之間的界限越趨模糊。對農民而言，使
用這種新式機器，亦等同於掌握了新知識與新工具，帶
來新的可能，至少就江南地區的農民而言，學習使用機
器，是 20 世紀上半葉十分普遍的趨勢。[4]

　　農業化學藥劑的施用，也是如此。藥劑的試驗與生

4　侯嘉星，《機器業與江南農村：近代中國的農工業轉換（1920-
　　1950）》，頁 312-318。

產高度集中在少數的機構之中，比起機器產業是有過之
而無不及。機器生產猶能在鄉鎮地區的小型機器工廠中
進行組裝、保養或維修，但化學藥劑僅能在中國少數的
實驗室或試驗工廠生產，技術上更具備了社會學者所指
稱的「黑盒子理論」（Blackboxing），亦即當科學的知
識越趨發達、生產流程越趨複雜時，社會大眾往往僅掌
握輸入與輸出的基本概念，掌握機械式地使用這些新
知識、新產品，而非試圖耗費大量時間去理解其間的
細節。[5]

在近代中國農業化學知識的傳播中，早期的期刊如
《農學報》、《時務報》等，儘管閱讀群體可能十分有
限，但多半仍將多數知識分子視為是潛在的閱讀群體，
盡可能在刊物的編輯中納入多元的知識內容，讓農業
化學知識受眾擴大。但到了1920年代的《中華農學會
報》、《昆蟲與植病》等刊物，明顯地將閱讀群眾縮小
至學會團體或從業人員內部，成為專業人士閱讀的資
料。對一般農民而言，確實在防治病蟲害的手段上增加
了，但這些手段為何能發揮作用？以及其如何發揮作
用？反而不在常見的知識網絡中。

對一般使用者而言，認識與使用農業化學藥劑最重
要的媒介，不外乎廣告介紹與推廣體系兩個途徑。20
世紀上半中國的殺蟲藥、驅蟲藥等廣告並不罕見，諸如
使用天然配方、添加除蟲菊、不傷人體不傷植物等標語

5　Bruno Latour, *Pandora's Hope: Essays on the Reality of Science Studies* (Cambridge, Mass.: Harvard University Press, 1999), pp. 300-310.

更是屢見不鮮。消費者、農民當然無法真正分辨這些產品的有效性，因此權威信用組織成為推廣這些產品的中間者，例如 1930 年代的上海化驗室，承接各種藥物、化工品業者的委託，並出具化驗報告，有業者也會將化驗報告刊登於網路上以昭公信。本書研究的病蟲藥械製造實驗廠，至 1940 年代也扮演了國家化驗室的角色，對類似產品進行化驗、出具證明，藉此取信民眾。因此回應到社會學家所注意的黑盒子理論，顯然化學製品的黑盒子化程度遠高於機械產品；病蟲藥劑具備的特殊使用脈絡，其黑盒子化程度又比化學肥料更高。

病蟲藥劑具備的特殊使用脈絡，一方面是傳統農業知識缺乏有效病蟲防治的手段，因此至 19 世紀下半後，需要重新建立產銷推廣的組織。另方面更重要的是，病蟲害防治在傳統農業中，仰賴政府組織，才能調動大量人力遏止蟲害。因此病蟲防治工作，本身就具備了集體力量推動的傳統。特別是病蟲災害往往具備了跨區域流行的特點，在範圍內不願意加入集體行動的農民、個體，會成為病原體或蟲卵寄存的溫床，從而危害整體利益。因此病蟲藥劑使用的特殊之處，就在於這項技術比其他的農業現代化技術更具備集體傾向，國家必須組織大規模推廣、施灑或投放防治藥劑，才能有效達到目的。

在這樣的意義下，國家不僅成為知識的投資者、產品的監督者，也扮演著推廣的執行者等複合角色。所以近代中國的農業化學事業發展，也是國家權力不斷擴大，甚至能滲透到鄉村的重要契機。

國家力量擴大的契機

　　詮釋經濟發展的理論當中，有一派被稱為結構主義（structuralism）或制度學派（institutionalism），同屬於發展經濟學的一環。有別於新自由主義經濟學所強調的市場開放、產業競爭效率，發展經濟學更強調國家政策對產業的引導作用，著眼於政策或社會發展的結構，並論述國家怎麼借助經濟制度來扶持某些產業。此一學派的主張，更常見於解釋後進國家在某些產業能急起直追的原因。[6]

　　從結構主義的觀點來看，近代東亞的農業化學產業發展，無疑深深具有國家力量介入的痕跡。19世紀明治政府積極引進新式農業教育，設立高等學校，以及各地的農事試驗場，建立的研究機構和農業推廣的行政體系。在這樣的基礎上，日本農業化學業者積極探索新原料、新產品，與學術研究密切結合，進而使產業逐漸發展茁壯。等到產品市場具備一定規模之後，日本政府又鼓勵農業化學業者進行垂直整合，控制生產原料，因此有除蟲菊引進與魚藤的試種。透過這些獎勵措施，最終使得20世紀上半葉日本建立可觀的農業化學產業。相較之下，中國也在19世紀末引進新式農業知識，地方政府業已籌設農務學堂，1902年京師大學堂成立之初即設置農學院，可見在追求現代化的道路上，農業的轉

6　瞿宛文，《戰後臺灣經濟發展的源起：後進發展的為何與如何》（臺北：聯經出版，2017），頁6-12。

型並未缺席。然而受到內戰與政局動盪的影響，近代中國未能建立強而有力的全國推廣體系，農業化學產品的產銷，集中在經濟狀況比較好的江南地區，地方政府的推廣機構也僅止江蘇、浙江才稍具規模。這種情況等到1930年代以後才改變。

國民政府在1930年代後推動一系列農業現代化的措施，日漸成熟和規模不斷擴大的技術官僚，無疑是其中關鍵。固然前文提及，此時的技術人員有明顯的美國背景，意味著在新式農業知識上直接繼承美國的脈絡。但從農業技術官僚的分析中，數量龐大可觀的中層技術人員，大量來自國內大專院校自己培養的人才。這些技術官僚充斥於各地省級、縣級的農業試驗機構，有一部分甚至同時在地方的農業職業學校授課，對近代中國的知識人才培養有重要意義。這些技術人員在1949年之後多半選擇留在大陸，成為戰後共產黨專業人員的骨幹，他們相較於農村菁英在激烈土地改革中蒙受損失，反而是受益於自身所具備的專業知識，故而能在1950年代的政治動盪中存留下來。[7]

除了教育機構之外，另一個重要的國家力量之支持，是國營工廠體系。1943年成立的病蟲藥械製造實驗廠，是中國第一處農業化學藥劑製造工廠，到1949年以後仍然是農用藥劑生產的重要基地。從本書的個案來看，國營事業生產的優勢，在於享有技術研發上的支

---

7 Joel Andreas，《紅色工程師的崛起：清華大學與中國技術官僚階級的起源》（香港：香港中文大學，2017），頁22-24。

持，可以借助公務預算維持可觀的研究團隊；其次在產銷體系上，也能依附於行政系統，在產品流通上更具競爭力。

　　從本書第四章的討論來看，國家力量介入最重要者，恐怕是產銷推廣體系。現代政治發展中，藉由國家培養的新式行政人員，分派到不同地方、不同部門，逐漸達成傳統體制改造，是極為重要的過程。國民政府時期，借助中央政治學校達成上述目標，是轉型成為現代國家的關鍵程序。[8] 在農業行政體系中也可以看到，病蟲災害防治工作所仰賴的專業知識與特殊藥劑，成了農業行政人員的「武器」，幫助他們不僅能對抗農業損失，也能動員農民組織各種生產工作。在新式農業的推廣應用活動中，國家的力量得以更強力的滲透到地方。而 1945 年接收時出現的斷裂，更顯示了這樣的系統，如何支持現代產業發展，一旦西南地區建立的產銷體系中斷，在東南地區重建體系又須另起爐灶，直接使上海總廠的經營陷入困境。從這樣的案例，可以清楚看到國家力量對現代產業發展的作用。

　　近代中國國家力量的擴大，與戰爭總動員體制有關，在增加農產減少損失的目標下，設立國營事業體跟推廣體系，也在戰時統制經濟下擴大國營工廠的規模。但國家力量擴大的契機，來自於戰後接收取得的龐大產業，更考驗國家經濟方針與技術官僚的經營能力。

8　Chen-cheng Wang, *The Central Politics School and Local Governance in Nationalist China: Toward A Statecraft beyond Science* (Lanham, Maryland: Lexington Books, 2023), pp. 297-302.

　　戰後中國局勢為何會有如此戲劇化的轉變,國民黨政府從抗戰勝利的高峰,僅僅三年就跌落谷底,丟失大半國土,僅能退居臺灣另起爐灶,此一課題一直受到歷史學者及社會各界的重視。相較於過去對戰後局勢的討論,多半從國家全局下之政治、經濟及軍事變動等視角出發,本書從農業化學個案的研究,也發現到雖然通過接收敵產取得龐大的生產資源,但這些生產資源遲遲未能轉化為國家能調動的物資,但於此同時既有戰時在後方建立的生產體系,卻因為戰勝接收的緣故而中斷,兩相影響之下最終使政府能掌控的物資捉襟見肘,或許是局勢逆轉的原因之一。

　　戰爭期間日本在上海、北京與瀋陽都建立了農業化學工廠,以滿足其在占領區執行農業增產所需。這些工廠在戰時的生產規模,遠超過重慶的病蟲藥械工廠,也是戰前中日兩國農業化學事業發展的根本差異。過往對於淪陷區的研究,多半抱持批評的立場,將汪精衛政府視為魁儡,根本否定汪政府在農業建設、經濟發展上的努力。但晚近對淪陷區的研究出現不同看法,當然戰爭的衝擊不可避免,難民湧入、秩序破壞等普遍存在大後方許多城市。但對廣大民眾而言,日常生活仍持續著,汪政府在恢復秩序與生產上,更有不少努力,這些努力創造出如蘇州這樣戰時的繁華「天堂」。[9]本書探討日人經營的農業化學工廠,正是幫助這些民眾恢復日常秩

9　　巫仁恕,《劫後「天堂」:抗戰淪陷後的蘇州城市生活》(臺北:臺大出版中心,2017),頁 261-264。

序的一環。

　　從現存檔案來看，這些工廠在戰後都面臨程度不一的破壞，但相較於戰爭期間，戰後結束後等待接收的這段時間，造成的損失遠超過戰時。國民政府對淪陷區地方控制薄弱的窘境，從接收之際的混亂與人手短缺可以充分印證，這也是戰後中國生產失序的原因。有關戰後接收連續與斷裂的個案，值得進一步探究。現存關於戰後經濟接收的資料分屬資源委員會、經濟部與農林部，其中又以農林部資料最為完整集中，通過這批資料一方面可以對淪陷區戰時經濟構成可觀的研究基礎，將大大有利於學界進行相關討論。另方面，相較於其他部會檔案的分散與缺失，保存較為完整的農林部檔案，成為戰後接收及重建工作極為重要參考資料，若能充分利用這些資源，亦可對政府部會關係、戰後國家重建問題有更深入的認識。

　　有關接收與重建另一個更受到海內外學者關注的議題，是 1949 年以後中共建政時的變化。過去學界對跨越 1949 年的研究，多半採取分段處理，對大陸學者而言，歷史敘事始於 1949 年；對臺灣學者而言，1949 年以後的連續轉移到臺灣。然而本書的個案顯示，農業化學的人才培養，多數延續到 1949 年以後的中共政權，他們繼續在高等教育、科學研究中扮演重要作用。至於生產設施方面，1950 年代初期由蘇聯引進的現代化工廠，大幅改變共和國初期的農業藥劑型態，但延續自國府時期延續下來的工廠並未因此中斷。不過以本書探討的病蟲藥械廠個案來看，1949 年前後最大的差異，在

於將原本實驗室與工廠結合的過渡階段，徹底分開成為
研究與製造兩個部門，中共建政後的上海總廠，只負責
生產的任務。

這樣的轉變，符合當時的政策需求。1950 年代起
中共執行的農業改造，利用合作化方式達到農藥、肥
料、機具的分配，成立各級供銷社負責此一任務，等同
於國家力量建立的大型推廣體系。在這樣的組織中，工
廠專責大量生產，合作組織統購統銷，一方面使整體產
業進展更為穩定，另方面也使國家和黨的控制更深入到
基層。1949 年以後中共借助戰前的遺產與戰後蘇聯的
援助，達到調動物資與控制地方的目標，這是 1945 年
國民政府所缺乏的能力。在國營事業與供銷體系雙管合
作下，結合了少部分地方市場網絡，構成建政初期中共
調度資源的主要模式。[10]

借助本書所討論的農業化學事業案例，也能觀察到
國共兩黨極為不同的國家干預型態。南京時期的國民黨
政府，主要通過國際合作的技術交流、技術官僚的人力
支援，以及公營行庫持續貸款等手段，支持農業化學事
業發展，由藥械廠包辦的研究、生產與推廣的工作。相
對之下，中國共產黨則憑藉著更為徹底的基層控制力，
將農業化學事業的生產、銷售及研究重新調整，變成三
個獨立的部門由黨個別控制。南京政府的作法，固然符
合了事業發展之初小步快走的作法，但也使得藥械廠更

---

10 陳耀煌，《中國農村的副業、市場與共產革命（1900-1965）》（臺
   北：中央研究院近代史研究所，2020），頁 352-353。

像是研究機構而非化工廠；中共建政後的策略，儘管經歷了產銷分離的混亂，但仍快速達成量產的目標，使國家掌握更多能分配的資源，支持其基層控制的策略。因此本書農業化學事業的視角，也能觀察到國家力量擴大的不同方式。考察了跨越 1945 年與 1949 年兩個關鍵年代的連續與斷裂後，可以發現現代化事業是近代中國發展的大方針，農業現代化亦然。國家在兩次接收與重建的過程中，都取得了借助現代事物擴大影響力的契機，然而卻因為體制與策略的差異，導致迥異的結果。

　　總而言之，國家力量的支持，是農業化學事業發展的關鍵。農業作為人類經濟的基礎，也是人們改造環境既漫長又持之以恆的手段。傳統時期的環境改造，可能受限於技術、資源、生產及社會組織等種種條件，規模有限。但 19 世紀工業革命後，人類的環境改造，超越了過往進入新時代。農業化學事業，正是這樣劃時代的技術變革。

人類世的環境改造

　　科學家們提出「人類世」（Anthropocene）的概念，來解釋工業革命以後大規模的人類環境改造，形成了全新的地質分層，在這個時期當中，人類活動對環境造成許多不可逆轉的變化。人類世的概念雖然尚未被完全接受，但仍恰如其分地表達 19 世紀以降，各種新工具、新方法的出現，大大改變了人與環境的關係。本書所討論的農業化學，更是人類世改造環境的主力之一，

帶來了人口爆炸成長、大量化學物質也改變了土壤、水文，其影響不僅限於人類社會，甚至波及了一個時期共同在地球上的無數物種。將這樣的時代名之為人類世，乃再恰當不過。

農業化學的出現，是人類世重要的里程碑，化肥的施用大大增漲的農業產出，從而養活鉅量人口，深刻地改變世界樣貌。農藥的大量使用，使人類可以有系統地消滅某些害蟲，確保農作順利收成。化肥與農藥穩定的生產基礎上，使人類得以在 20 世紀在品種（基因）改良走得更遠。誠如本書分析的，這些現代事物，在國家力量主導下快速發展，也協助國家更有效地控制地方、調動資源。然而這些人為的活動改造，都帶來不小的代價。1962 年卡森在《寂靜的春天》中討論的農藥濫用問題，其實歷史並沒有多久，不過在 20 世紀初期，人們才大量使用農藥殺蟲，不到半個世紀的時間，大量進入環境生態循環的化學元素，成為新時代的課題。臺灣的經驗也十分類似，1980 年代臺灣的報紙媒體開始連篇累牘地報導大甲溪水資源汙染的問題，尤其是梨山地區水果產業大量施用的化肥與農藥，被雨水沖刷後進入大甲溪，形成嚴重優養化。此時距離中部橫貫公路開通、梨山果樹開發，不過僅僅二十餘年的時間。[11] 人類世中，改造環境的力量如此驚人，也使得 20 世紀的科學技術、經濟環境，以及產業聚落交織發展的歷史，更

---

11 侯嘉星，〈國土開發與環境利用——以 1960 年代退輔會高山農場之設置經營為例〉，頁 213-273。

具有討論意義。

　　人類世中，國家的角色日趨複雜多樣。現代農業化學借助國家力量進行研究、生產與推廣，政府也透過制定規則、檢定標準等方式干預市場，可說是這些新產品的出現與流行，加速了現代國家的職能。但另一方面，農業化學產品的大量使用，如前所述，帶來深刻的環境衝擊，這些環境衝擊又回過頭來仰賴國家的監管，環境治理成為國家重要責任。當代政府，無不致力於推動遙測技術、環境監控與大數據分析等新技術，來管控人類活動在自然界中的殘留。在這樣的交互關係下，國家借助新事物擴大影響力，又因新事物帶來的新問題而接入更多管理。農業化學的經驗，正顯示了 20 世紀中期以降，現代國家發展的軌跡。

　　借助新式農業技術的導入，20 世紀上半中國在展開國家建構的同時，也強化了對農業的控制。本書所討論的 20 世紀上半農業化學發展，為國家邁向現代化之一開端。由此出發，還有許多有趣的課題值得進一步開展。諸如 20 世紀中期，在東亞經濟發展中扮演重要角色的國營農場（state-owned farm）體系，這種由國家主導經營的事業單位，承擔了新技術試驗場、土地開拓與維護、人員安置以及物資調動等複合任務，自 20 世紀初引進中國後，經歷戰時發展，在 1950 年代以後又在兩岸分別走上不同形式。究竟這樣的事業機構，在現代化中發揮的作用如何，又在人類世中扮演了什麼樣的角色，無疑地是探討現代國家權力、現代化轉型，以及人與環境關係中的有趣案例。

現代國家建構是歷史學家關注的重要議題，其中國家在經濟部門的職能擴大，借助工業與科學時代的技術、組織與方法，強化國家對土地、人民、物資的掌握能力尤為重中之重，自然應該有更多的討論。筆者過去的研究注意到現代化事業發揮國家形塑的關鍵作用，特別是在 20 世紀初期，中國仍以農業為主體的經濟結構中，國家如何通過現代化事業的手段擴大影響力，是本書最關心的課題。農業化學事業成為國家有力工具，本書各章分別探討了 19 世紀化學知識傳播的過程，特別是這種「西方經驗」轉譯的東方元素，也分析了 20 世紀初中、日兩國在農業化學產業建立過程中不同的發展路線。並特別聚焦在國家角色的推動，以及其事業成敗的轉折。

有別於其他中國現代史討論的框架，本研究以跨過 1945 年及 1949 年兩個關鍵年代的個案，從國家建構、農業現代化的角度，討論國營農場的連續與斷裂，未來希望再進一步蒐羅更多戰後接收個案、制度，來探討 1950 年代兩岸之間的比較研究。20 世紀以來，農業的面貌已有很大轉變，科學化經營早已深入農業生產型態中，因此在技術人員、各類事業經營上，都呈現有別往昔之舉措。所以農業化學事業能做為探究現代國家建構、戰後重建，乃至 1950 年代東亞冷戰時期的經濟成長、社會發展之基礎。

徵引書目

一、檔案
- 上海市檔案館藏,《市委系統檔案》。
- 上海市檔案館藏,《民國時期檔案》。
- 上海市檔案館藏,《政府系統檔案》。
- 中央研究院近代史研究所檔案館藏,《農林部檔案》。
- 中央研究院近代史研究所檔案館藏,《實業部檔案》。
- 南京第二歷史檔案館藏,《私立金陵大學檔案》。
- 國史館臺灣文獻館藏,《行政長官公署檔案》。

二、古籍
- 大藏永常,《除蝗錄》,文政九年刊本。
- 大藏永常,《除蝗錄後編》,弘化三年刊本。
- 包世臣,《安吳四種》,咸豐元年刻本。
- 戎斯頓著,片山遠平譯,《戎氏農業化学》,東京:文部省編輯局,1884。
- 朱壽朋,《東華續錄(光緒朝)》,1909 年上海集成圖書公司鉛印本。
- 康有為,《日本書目志》,上海:大同譯書局,1897。
- 張之洞,《張文襄公奏議》,1928 年刊本。
- 盛康編,《皇朝經世文續編》,光緒十八年刊本。
- 陳芳生,《捕蝗考》,四庫全書本。

- 陳恢吾，《農學纂要》，光緒二十八年刻本。
- 陳崇砥，《治蝗書》，光緒六年刻本。
- 錢炘和，《捕蝗要訣》，咸豐六年刻本。
- 韓甘編，《皇朝經世文新編續集》，光緒二十八年刊本。

三、工具書、史料彙編

- 《近代中國對西方及列強認識資料彙編》，臺北：中央研究院近代史研究所，1988。
- 《現代實業家》，上海：上海商報社，1935。
- 上田正昭等監修，《日本人名大辭典》，東京：講談社，2001。
- 石元春主編，《20世紀中國學術大典：農業科學》，福州：福建教育出版社，2002。
- 李文禥、武田熙編，《北京文化學術機關綜覽》，北京：新民印書館，1940。
- 徐有春編，《民國人物大辭典》，石家莊：河北人民出版社，2007，增訂版。
- 黃道霞主編，《建國以來農業合作化史料彙編》，北京：中共黨史出版社，1992。
- 橋川時雄編，《中國文化界人物總鑑》，新京：滿洲行政學會，1940。
- 顏惠慶等編，《英華大辭典》，上海：上海商務印書館，1908。
- *Who's Who in China: Biographies of Chinese Leaders*, Shanghai: The China Weekly Review, 1936.

四、雜誌報刊

- 《人民日報》（北京），1949-1961 年。
- 《上海商报》（上海），1934 年。
- 《大上海指南》，上海：中華書局，1936 年。
- 《大公報》（天津），1905-1912 年。
- 《大眾農業》（北京），1952 年。
- 《工商新聞》（上海），1923 年。
- 《工業旬刊》（南京），1935 年。
- 《中國農村》（上海），1936 年。
- 《中華昆蟲學會通訊》（南京），1947 年。
- 《中華農學會報》（南京），1931-1937 年。
- 《文化農報》（東京），1921 年。
- 《臺灣農林月刊》（臺北），1948 年。
- 《臺灣銀行季刊》（臺北），1953 年。
- 《申報》（上海），1902-1928 年。
- 《光明日報》（北京），1955 年。
- 《拓務時報》（東京），1934 年。
- 《昆蟲與植病》（南京），1934 年。
- 《東京化學會誌》（東京），1902 年。
- 《直隸實業雜誌》，1910 年。
- 《社會日報》（上海），1931-1935 年。
- 《科學》（上海），1935 年。
- 《科學畫報》（上海），1949 年。
- 《時代日報》（上海），1933 年。
- 《時務報》（上海），1897 年。
- 《時報》（上海），1905 年。

- 《浙江新政交儆報》（杭州），1902 年。
- 《病蟲害雜誌》（東京），1925-1926 年。
- 《國立中山大學廿一年報》（廣州），1933 年。
- 《國立中央大學農學院旬刊》（南京），1928-1931年。
- 《理化學研究所彙報》（東京），1923 年。
- 《朝鮮彙報》（京城），1938 年。
- 《植物研究雜誌》（東京），1926 年。
- 《無錫鄉訊》（無錫），1970 年。
- 《新生活周刊》（上海），1934 年。
- 《新農村》（南京），1935 年。
- 《新聞報》（上海），1933 年。
- 《萬國公報》（上海），1893 年。
- 《農工商報》（北京），1907 年。
- 《農行月刊》（南京），1936 年。
- 《農林雜誌》（南京），1934 年。
- 《農商公報》（北京），1920 年。
- 《農報》（南京），1937 年。
- 《農業通訊》（臺北），1947 年。
- 《農業週報》（南京），1933 年。
- 《農學報》（上海），1897-1899 年。
- 《農聲》（廣州），1928-1930 年。
- 《實業雜誌》（南京），1935 年。
- 《臺灣の山林》（臺北），1938 年。
- 《臺灣日日新報》（臺北），1901-1902 年
- 《臺灣藥學會誌》（臺北），1931 年。
- 《廣東勸業報》（廣州），1909-1910 年。

- 《廣益雜誌》（上海），1920 年。
- 《衛生試驗所彙報》（東京），1923 年。
- 《蘇州新報》（蘇州），1941 年。
- *The North China Herald* (Shanghai), 1922.

五、專著

- 《二十五年史》，東京：東亞農藥，1967。
- 《三共六十年史》，東京：三共，1960。
- 《中國近代教育史資料彙編・高等教育》，上海：上海教育出版社，2007。
- 《中國國貨工廠史略》，上海：國貨事業出版社，1935。
- 《中華農業化學會演講錄》，北平：中華農業化學會，1932。
- 《日本留學支那要人錄》，東京：興亞院政務部，1942。
- 《東京帝国大学五十年史》，東京：東京帝国大学五十年史，1932。
- 《東京高等農林学校沿革略》，東京：駒場刊行会，1940。
- 《社史日本農藥株式會社》，東京：日本農藥，1960。
- 《金陵大學農學院概況》，南京：金陵大學，1933。
- 《國立東南大學農科概況》，南京：東南大學，1926。
- 《駒場農学校一覽》，東京：農商務省農務局，1884。

- 《整備されたる農業藥劑》，東京：大日本農會，1943。

- Joel Andreas，《紅色工程師的崛起：清華大學與中國技術官僚階級的起源》，香港：香港中文大學，2016。

- ユネスコ東アジア文化研究センター，《資料御雇外国人》，東京：小學館，1975。

- 陳力衛，《和製漢語の形成とその展開》，東京：汲古書院，2001。

- 山科樵作，《三共五十餘年の概貌》，東京：三共，1952。

- 中根榮，《隨筆空地開墾》，東京：柴山教育出版社，1941。

- 內田郁太、野口德三，《農用藥劑學》，東京：明文堂，1937。

- 西村卓著，《「老農時代」の技術と思想》，東京：ミネルヴァ書房，1997。

- 日本農藥株式會社，《增資目論見書》，大阪：日本農藥株式會社，1949。

- 王建革，《傳統社會末期華北的生態與社會》，北京：三聯書店，2009。

- 田中彰一，《実用農薬要論》，東京：養賢堂，1948。

- 田島俊雄，《20世紀の中国化学工業：永利化学・天原電化とその時代》，東京：東京大学社会科学研究所，2005。

- 石貝邦作,《農藥デリスの栽培法》,東京:明文堂,1936。
- 朱斐主編,《東南大學史》,南京:東南大學出版社,2012。
- 西田孝太郎,《農產物加工論》,東京:叢文閣,1937。
- 吳墉祥,《吳墉祥戰後日記》,臺北:民國歷史文化學社,2019。
- 巫仁恕,《劫後「天堂」:抗戰淪陷後的蘇州城市生活》,臺北:台大出版中心,2017。
- 李登輝,《臺灣農工部門間之資本流通》,臺北:臺灣銀行,1972。
- 李瑛,《民國時期大學農業推廣研究》,合肥:合肥工業大學出版社,2012。
- 村田壽太郎,《農作物病蟲害防除要綱》,長野:長野縣農會,1928。
- 周敘琪,《明清家政書與家庭經濟論的新發展》,臺北:政大出版社,2022。
- 岡崎慶郎、矢後正俊,《最新農用藥劑》,東京:修教社,1937。
- 松山良三,《日本の農業史》,東京:新風社,2004。
- 林桶法,《從接收到淪陷——戰後平津地區接收工作之檢討》,臺北:東大書局,1997。
- 河野通男,《新農藥の使ひ方》,大阪:富民協會,1940。

- 侯嘉星，《機器業與江南農村：近代中國的農工業轉換（1920-1950）》，臺北：政大出版社，2019。
- 孫文，《國父全集》，臺北：中央文物供應社，1957。
- 宮島式郎，《デリス》，東京：朝倉書店，1944。
- 翁文灝著，李學通、劉萍、翁心鈞整理，《翁文灝日記》，北京：中華書局，2010。
- 張寧，《異國事務的轉譯：近代上海的跑馬、跑狗與回力球賽》，臺北：中央研究院近代史研究所，2019。
- 張憲文主編，《金陵大學史》，南京：南京大學出版社，2002。
- 第一工業製藥株式會社，《目論見書》，京都：第一工業製藥株式會社，1949。
- 野津六兵衛，《農用藥劑の話》，松江：島根縣農會，1937。
- 陳耀煌，《中國農村的副業、市場與共產革命（1900-1965）》，臺北：中央研究院近代史研究所，2020。
- 勝部真人，《明治農政と技術革新》，東京：吉川弘文館，2002。
- 鈴木梅太郎編，《農藝化學全書》，東京：朝倉書店，1941。
- 趙艷萍，《民國時期蝗災與社會應對——以1928-1937年南京國民政府轄區為中心考察》，廣州：世界圖書出版公司，2010。
- 潘光哲，《晚清士人的西學閱讀史（1833-1898）》，臺北：中央研究院近代史研究所，2014。

- 瞿宛文，《戰後臺灣經濟發展的源起：後進發展的為何與如何》，臺北：聯經出版事業，2017。
- 藤原辰史，《戰争と農業》，東京：集英社，2017。
- 藤原辰史，《稲の大東亜共栄圏：帝國日本の〈緑の革命〉》，東京：吉川弘文館，2012。
- 櫻井武雄，《農業史：近代日本農業の歩み》，東京：新評論社，1956。
- Alfred W. Crosby, *Ecological Imperialism: The Biological Expansion of Europe, 900-1900*, Cambridge: Cambridge University Press: 1993.
- Bruno Latour, *Pandora's Hope: Essays on the Reality of Science Studies*, Cambridge, Mass.: Harvard University Press, 1999.
- Bruno Latour, *Reassembling the Social: An Introduction to Actor-Network-Theory*, Oxford; New York: Oxford University Press, 2005.
- Charles Perrow, *Normal Accidents: Living with High Risk Technologies*, New York: Basic Books, 1984.
- Chen-cheng Wang, *The Central Politics School and Local Governance in Nationalist China: Toward A Statecraft beyond Science*, Lanham, Maryland: Lexington Books, 2023.
- Daniel Little, *Understanding Peasant China: Case Studies in the Philosophy of Social Science*, New Haven: Yale University Press, 1989.
- David Kinkela, *DDT and the American Century: Global Health, Environmental Politics, and the Pesticide That Changed the World*, Chapel Hill: The University of North Carolina Press, 2011.

- Fa-ti Fan, *British naturalists in Qing China: Science, Empire, and Cultural Encounter*, Cambridge, Mass.; London, England: Harvard University Press, 2004.

- James C. Scott, *Seeing Like A State: How Certain Schemes to Improve the Human Condition Have Failed*, New Haven; London: Yale University Press, c1998.

- James C. Whorton, *Before Silent Spring: Pesticides and Public Health in Pre-DDT America*, Princeton: Princeton University Press, 1975.

- James R. Partington, *History of Chemistry*, Vol. 4., London: Macmillan, 1964.

- Pei-kang Chang, *Agriculture and Industrialization: The Adjustments That Take Place as An Agricultural Country Is Industrialized*, New York: Greenwood Press, 1949.

- R. C. Roark, *The History of the Use of Derris as An Insecticide*, Washington, D.C: U. S. Dept. of Agriculture, 1939.

- Rachel Carson, *Silent Spring*, Boston: Houghton Mifflin, 1962.

- Soon-Won Park, *Colonial Industrialization and Labor in Korea: The Onoda Cement Factory*, Cambridge, Mass.: Harvard University Asia Center, 1999.

- Theodore W. Schultz, *Transforming Traditional Agriculture*, New Haven: Yale University Press, 1964.

六、期刊論文

- 王聿鈞，〈抗戰時期中農所的發展和貢獻〉，《近代中國農村經濟史論文集》，臺北：中央研究院近代史研究所，1989，頁 85-118。
- 王思明，〈中華農學會與中國近代農業〉，《中國農史》，卷 26 期 4（2007 年 11 月），頁 3-7。
- 呂紹理，〈從螟蛉到螟害——近代臺灣的農業蟲害及其防治〉，《臺大歷史學報》，期 56（2015 年 12 月），頁 133-188。
- 李力庸，〈走出實驗室——抗戰時期農產促進委員會的農業推廣事業（1938-1944）〉，《兩岸發展史研究》，期 6（2008 年 12 月），頁 25-70。
- 井奧成彥，〈明治期畿內の老農にとっての綿作と養蠶：山城国相楽郡祝園村松田弥三郎を素材として〉，《經濟學論叢》，期 64 號 4（2013 年 3 月），頁 1017-1033。
- 菊池好行，〈明治初期のイギリス人化学教師たち〉，《化学と教育》，卷 68 期 11（2020 年 11 月），頁 470-473。
- 李仁淵，〈思想轉型時期的傳播媒介：清末民初的報刊與新式出版業〉，收入王汎森編，《中國近代思想史的轉型時代——張灝院士七秩祝壽論文集》，臺北：聯經出版事業公司，2007，頁 3-49。
- 汪朝光，〈國民政府對抗戰勝利之初期因應〉，《抗日戰爭研究》，2003 年 03 期。

- 沈志忠，〈近代美國農業科技的引進及其影響評述〉，《安徽史學》，2003 年第 3 期，頁 78-80。
- 周峰，〈抗戰勝利後受降與接收日占區問題再探——新政治史視角的考察〉，《安徽師範大學學報》，2015 年 03 期。
- 林玉茹，〈國家與企業同構下的殖民地邊區開發：戰時「臺拓」在東臺灣的農林栽培業〉，《臺灣史研究》，卷 10 期 1（2003 年 6 月），頁 94-95。
- 邵先崇，〈抗戰勝利後國民黨政風腐敗及有關問題〉，《史學月刊》，2002 年第 5 期。
- 金秋，〈我國本世紀初的一本生物學教科書〉，《中國科技史料》，1988 年第 1 期。
- 侯坤宏，〈「農技派」與戰前糧食生產〉，《中華民國史專題論文集第二屆討論會》，臺北：國史館，1993，頁 439-471。
- 侯嘉星，〈中研院近史所《農林部檔案》介紹及其相關議題討論〉，《檔案半年刊》，卷 18 期 2（2019 年 12 月），頁 44-53。
- 侯嘉星，〈中國農業機械公司與中國近代農業機械化發展（1943-1949）〉，《國立政治大學歷史學報》，期 42（2014 年 11 月），頁 137-186。
- 侯嘉星，〈近代中國農業高等教育與農業化學知識的發展〉，收入劉維開主編，《1920 年代之中國》，臺北：國立政治大學歷史學系、政大出版社，2018，頁 231-252。

- 侯嘉星，〈國土開發與環境利用——以 1960 年代退輔會高山農場之設置經營為例〉，收入黃克武主編，《1960 年代的臺灣》，臺北：中正紀念堂管理處，2017，頁 211-272。
- 侯嘉星，〈從中央農具廠到農林部無錫農具實驗製造廠（1943-1949）〉，《國立政治大學歷史學報》，期 46（2016 年 11 月），頁 97-150。
- 國雄行，〈內務省勧農局の政策展開：内藤新宿試験場と三田育種場 1877～1881 年〉，《人文学報》，卷 44（2016 年 3 月），頁 67-95。
- 郝昭荔，〈挽救頹象的努力：戰後國民政府魯豫區清查團在青島的清查接收〉，《社會科學研究》，2018 年第 3 期。
- 馬俊亞，〈工業化與土布業：江蘇近代農家經濟結構的地區性轉型〉，《歷史研究》，2006 年第 3 期（2006 年 6 月），頁 98-117。
- 張玉法，〈二十世紀初期的中國農業改良，1901-1916：沿海沿江十三個省區的比較研究〉，《史學評論》，期 1（1979 年 7 月），頁 119-159。
- 張劍，〈中國近代農學的發展——科學家集體傳記角度的分析〉，《中國科技史雜誌》，2006 年第 1 期，頁 1-18。
- 曹隆功，〈我國化肥施用與研究簡史〉，《中國農史》，1989 年第 4 期，頁 54-58。

- 陳慈玉，〈1930 年代的中國農家副業——以江南蠶絲業和華北織布業為例〉，《近代中國農村經濟史論文集》，臺北：中央研究院近代史研究所，1989，頁 577-604。
- 陳慈玉，〈近代台湾の塩業とソーダ業——技術革新と産業転換の一例として〉，《社会システム研究》，号 12（2006 年 3 月），頁 139-172。
- 傅瓊，〈美國與近代中國高等農業教育〉，《中國農史》，2007 年第 1 期，頁 33-41。
- 馮志傑，〈晚清農學書刊出版研究〉，《中國農史》，卷 25 期 4（2006 年 11 月），頁 24-30。
- 過慈明，〈近代江南地區肥料史研究〉，南京：南京農業大學博士論文，2013。
- 過慈明、富惠平，〈20 世紀前中期江南地區化肥使用狀況之考察〉，《安徽史學》，2014 年第 1 期，頁 47-53。
- 潘君祥，〈我國近代最早的農業學術團體——上海農學會〉，《中國農史》，1983 年 01 期。
- 謝國興，〈一九四〇年代中國農政機構的專技人員〉，收錄於中央研究院近代史研究所編，《抗戰建國史研討會論文集（1937-1945）》，臺北：中央研究院近代史研究所，1985，頁 619-663。
- 顧雅文，〈日治時期臺灣的金雞納樹栽培與奎寧製藥〉，《臺灣史研究》，卷 18 期 3（2011 年 9 月），頁 47-91。

- J. L. van Zanden, "The First Green Revolution: The Growth of Production and Productivity in European Agriculture, 1870-1914," *The Economic History Review*, Vol. 44, No. 2 (May, 1991), pp. 215-239.
- Pan Chengxiang, "The Development of Integrated Pest Control in China," *Agricultural History*, Vol. 62, No. 1 (Winter, 1988), pp. 1-12.
- Robert S. Schwantes, "Foreign Employees in the Development of Japan," in Ardath W. Burks ed., *The Modernizers: Overseas Students, Foreign Employees, and Meiji Japan*, Boulder and London: Westview Press, 1985, pp. 207-218.

後記

　　自 2008 年我擇定以近現代農業、經濟與環境作為研究主題撰寫碩士論文，至今忽焉十五年了。在這段期間，陸續完成了《1930 年代國民政府的造林事業：以華北平原為個案研究》、《機器業與江南農村：近代中國的農工業轉換（1920-1950）》，以及這一本《從實驗室到生產線：近代中國農業化學事業中的國家權力（1900-1950）》等三本學術專著。緣何執著於農業史或經濟環境史這樣稱不上熱門的課題？或許與自己的成長經驗有關吧！儘管在我成長的 1980 年代，臺灣早已邁入工商社會，農業不再是經濟發展的主力。然而來自鄉下農村的生活經驗，在許多年後，仍然是我理解史料的重要憑藉。在這樣的因緣下，十餘年間的農業史研究，或許也是一種個人生命經驗的迴盪。

　　最初會進入 1930 年代的農村，來自於閱讀檔案的疑惑：為何農民願意投入可觀成本去經營環境、保護森林？過往中外學者的農村研究，甚少涉及這樣的討論。帶著這個問題，我結合了檔案史料與數位方法，有了關於華北造林事業的小書。完成這個課題的過程，我發現到現代工具對生產的作用，特別是跨部門的結合深具意義，在 20 世紀初期，傳統的農林漁牧業深深受到新式工業與交通業的影響，甚至反過來改造了現代部門的經營模式。在蒐集了大量資料之後，我以農業機器業為主

題取得博士學位，經過仔細修改後成為第二本學術專書。自博士畢業以來，我對現代部門的探索，從生產層面擴大到知識層面，2017 年進入中央研究院近代史研究所擔任博士後研究，即將焦點轉向農業化學知識的引介、發展，以及如何走入到實際的田間實作中。在追尋這段知識的過程中我注意到，國家借助這些新式知識、推廣體系，以及產銷分配組織，使控制力深入基層，這是現代國家建構重要的一環，也是第三本書最核心的關懷。借助這些議題的探索，我回憶起幼年時光中陪同父母親到農會購買農藥肥料、參觀農業改良場、前往苗圃領取樹苗，以及農會收購農產的種種經驗。這些有點泛黃的片段景象，與文字檔案中的描述遙相呼應，讓我走在知識追求的道路上感到無比安心與滿足。

　　進入大學任教後，農業化學知識仍是我最主要的研究方向。這段期間正好遇到 2020 年開始的新冠疫情，改變了人對自然的態度，「人類世」（Anthropocene）成為了環境史及社會大眾關注的熱門話語。儘管21 世紀初期地質學家、氣候學家所提出的人類世概念，並未被學界完全接受，但這個詞彙仍然表明了19 世紀中葉以降，人類社會對石化能源、化學產品的使用，深深改變這個世界的樣貌。本書所探討的農業化學，正是人類世議題的關鍵元素，十分具有現實意義。與此同時，我也注意到近代中國重要的新技術、新組織試驗基地，更是國家力量控制地方的關鍵空間——國營農場的角色。在未來的農業史、經濟環境史研究路途上，國營農場如何進入中國，如何在兩岸各自發展變化，以及從中反映

的技術、組織及權力變遷，將會是更耐人尋味的課題。

本書得以完成，除了感謝中央研究院近代史研究所提供博士後的機會，得以專心蒐集資料、打好基礎外；更感謝中興大學專業的農學相關資料，以及歷史學系寬裕自由的教學研究環境，使我擁有得天獨厚的條件盡情探索，也藉此獲得國科會專題計畫（109-2410-H-005-001-MY2）的支持。寫作期間，陳慈玉老師時常關心進度、指點迷津，並提醒我在研究之餘更要好好享受家庭生活，老師自我進研究所入行以來數十年的照顧，點滴在心頭。書稿完成後，老師也慨然賜序，為拙著增色不少，在此深深致謝。

博士後研究期間，李達嘉老師多方照顧，使我能嘗試開拓新主題。初入教職有許多疑難雜症，承蒙劉維開老師、呂紹理老師始終支持與鼓勵，不厭其煩地指導後輩。研究所期間的唐啟華老師、周惠民老師、劉季倫老師及廖敏淑老師仍然照顧有加；中國近代史學會的呂芳上老師、林桶法老師、柯惠鈴學姊，組織學術交流、推展近代史研究不遺餘力，是我學習的榜樣。近史所黃自進老師、潘光哲老師允許我加入中央研究院主題計畫見學，與日本學界的交流學習，是我得以注意到化學知識建構的契機。檔案館張寧主任、巫仁恕老師邀請我參加數位典藏計畫，得以大量使用農林部檔案，也是本書得以完成的關鍵。知識史研究群的張哲嘉老師，願意定期支持舉辦工作坊，讓我們能維持小小的研究團隊。有幸參加黃福慶老師日文班，林滿紅老師、黃克武老師、林美莉老師及陳耀煌學長的關心鼓勵；以及所內專書寫作

討論會中朱瑪瓏、汪正晟及陳建守諸位學長珠玉在前，這些緣分都敦促我堅持不懈。此外，也感謝「近代中國與東亞」研究群的師友皮國立、王超然、趙席夐、蘇聖雄、陳佑慎、劉芳瑜、陳鴻明、袁經緯，數年來例會年會的切磋討論，使本書逐漸琢磨成型。本書的出版，也感謝協助計畫工作的余以澄、江育瑩和顏士清，還有民國歷史文化學社的林弘毅學長和李佳若小姐，沒有他們就不會有這本書的出現。

　　最後要感謝的是所有親愛家人，內人映如的陪伴，經歷疫情的變化以及隨我遷居至臺中，自認識起十數年相濡以沫，是支持我最重要的力量。在本書進行的過程中，長子安慎和次子思慎先後出生，他們的加入，讓我的生命更多采多姿，也更有生活的目標；這本書即將完成之際，自幼照顧我的外婆以八十八歲高齡辭世，哀傷之餘，最感謝的是上天給我機會回到臺中服務，得以在外婆生命中最後的幾年，有更多時間陪她；而這份工作的彈性，使我在外婆臨終之際，仍能伴隨她身邊。寫作這本書的同時，經歷了生老病死的人生變化，也勾起生命經驗的點滴回憶；因緣俱足下本書得以問世，心中實有萬分感激。展望未來，期許自己不僅能滿載這些祝福，更能結下諸多善緣，在未來道路上走得更長更遠。

2023 年 8 月 8 日
國立中興大學歷史學系

民國論叢 15

從實驗室到生產線：
近代中國農業化學事業中的
國家權力（1900-1950）

From Laboratory to Factory:
Agricultural Chemistry Industry and State Power
in Modern China, 1900-1950

作　　　者	侯嘉星
總 編 輯	陳新林、呂芳上
執行編輯	林弘毅
封面設計	溫心忻
排　　　版	溫心忻
助理編輯	林熊毅

出　　　版　開源書局出版有限公司

香港金鐘夏愨道 18 號海富中心
1 座 26 樓 06 室
TEL：+852-35860995

 民國歷史文化學社 有限公司

10646 台北市大安區羅斯福路三段
37 號 7 樓之 1
TEL：+886-2-2369-6912
FAX：+886-2-2369-6990

http://www.rchcs.com.tw

初版一刷　2023 年 11 月 30 日
定　　　價　新台幣 550 元
　　　　　　港　幣 160 元
　　　　　　美　元　22 元
I S B N　978-626-7370-40-7（精裝）
印　　　刷　長達印刷有限公司
　　　　　　台北市西園路二段 50 巷 4 弄 21 號
　　　　　　TEL：+886-2-2304-0488

國家圖書館出版品預行編目 (CIP) 資料

從實驗室到生產線：近代中國農業化學事業中
的國家權力 (1900-1950) = From Laboratory to
Factory: Agricultural Chemistry Industry and
State Power in Modern China, 1900-1950/ 侯嘉
星著 . -- 初版 . -- 臺北市 : 民國歷史文化學社有限
公司 , 2023.11

　　面；　公分 . -- (民國論叢 ; 15)

ISBN 978-626-7370-40-7　（精裝）

1.CST: 農業史　2.CST: 農業化學　3.CST: 中國

430.92　　　　　　　　　　　112018110